上海市工程建设规范

基础教育学校绿化技术标准

Technical standard for campus greening of basic education schools

DG/TJ 08—2438—2024

J 17322—2024

主编单位：上海市教育基建管理事务中心

上海市绿化管理指导站

上海市高等教育建筑设计研究院有限公司

批准部门：上海市住房和城乡建设管理委员会

施行日期：2024 年 5 月 1 日

同济大学出版社

2024 上海

图书在版编目(CIP)数据

基础教育学校绿化技术标准 / 上海市教育基建管理事务中心，上海市绿化管理指导站，上海市高等教育建筑设计研究院有限公司主编. —上海：同济大学出版社，2024.6

ISBN 978-7-5765-1115-4

Ⅰ. ①基… Ⅱ. ①上… ②上… ③上… Ⅲ. ①中小学—校园—绿化—技术标准 Ⅳ. ①TU985.12-65

中国国家版本馆 CIP 数据核字(2024)第 069245 号

基础教育学校绿化技术标准

上海市教育基建管理事务中心
上海市绿化管理指导站　　**主编**
上海市高等教育建筑设计研究院有限公司

责任编辑　朱　勇
责任校对　徐春莲
封面设计　陈益平

出版发行　同济大学出版社　　www.tongjipress.com.cn
（地址：上海市四平路 1239 号　邮编：200092　电话：021－65985622）
经　　销　全国各地新华书店
印　　刷　浦江求真印务有限公司
开　　本　889mm×1194mm　1/32
印　　张　2.75
字　　数　69 000
版　　次　2024 年 6 月第 1 版
印　　次　2024 年 6 月第 1 次印刷
书　　号　ISBN 978-7-5765-1115-4
定　　价　30.00 元

上海市住房和城乡建设管理委员会文件

沪建标定〔2023〕577 号

上海市住房和城乡建设管理委员会
关于批准《基础教育学校绿化技术标准》为
上海市工程建设规范的通知

各有关单位：

由上海市教育基建管理事务中心、上海市绿化管理指导站、上海市高等教育建筑设计研究院有限公司主编的《基础教育学校绿化技术标准》，经我委审核，现批准为上海市工程建设规范，统一编号为 DG/TJ 08—2438—2024，自 2024 年 5 月 1 日起实施。

本标准由上海市住房和城乡建设管理委员会负责管理，上海市教育基建管理事务中心负责解释。

上海市住房和城乡建设管理委员会

2023 年 11 月 3 日

前言

根据上海市住房和城乡建设管理委员会《关于印发〈2021年上海市工程建设规范、建筑标准设计编制计划〉的通知》(沪建标定〔2020〕771号)的要求,由上海市教育基建管理事务中心会同有关单位共同完成本标准的编制。

在本标准编制过程中,编制组广泛深入调查研究,仔细分析了本市基础教育学校绿化的现状和发展,认真总结了校园绿化建设的实践经验,参考了国内外有关研究成果,并在广泛征求意见的基础上,通过反复讨论、修改和完善,最后经审查定稿。

本标准的主要内容有:总则;术语;基本规定;设计;施工;养护。

各单位及相关人员在本标准执行过程中,请注意总结经验,积累资料,并将有关意见和建议反馈至上海市教育委员会(地址:上海市大沽路100号;邮编:200003;E-mail:xxhq@shec.edu.cn),上海市教育基建管理事务中心(地址:上海市中山西路1247号1号楼4—5层;邮编:200051;E-mail:jjglzx@shec.edu.cn),上海市建筑建材业市场管理总站(地址:上海市小木桥路683号;邮编:200032;E-mail:shgcbz@163.com),以供今后修订时参考。

主 编 单 位: 上海市教育基建管理事务中心
上海市绿化管理指导站
上海市高等教育建筑设计研究院有限公司

主要起草人: 顾满锋　张　晶　曾　彬　王　瑛　江　铭
邹福生　陈　薇　唐文怡　盛露鸣　江小舟
施丽君　王景娜　余　江　肖晖康　刘子涵
李向茂　王延洋　涂广平　宋东锦　许双燕

黄紫艺　胡璎琦　冯智俊

主要审查人:孙国强　李　莉　范善华　江卫东　李　婧

曹　蓉　徐　臻

上海市建筑建材业市场管理总站

目　次

Contents

1 总 则

1.0.1 为进一步规范本市基础教育学校绿化(以下简称“学校绿化”)建设,提高校园生态环境质量和养护管理水平,优化育人环境,陶冶师生情操,营造“绿色、生态、环保、和谐”的美丽校园,特制定本标准。

1.0.2 本标准适用于本市幼儿阶段教育、义务阶段教育及高中阶段教育等学校绿化的设计、施工和养护。

1.0.3 本市学校绿化的设计、施工和养护除应符合本标准外,尚应符合国家、行业和本市现行有关标准的规定。

2 术 语

2.0.1 学校绿化 campus greening

学校用地范围内的绿化。

2.0.2 绿地率 greening rate

学校用地范围内，各类绿化用地总面积占学校总用地面积的百分比。

2.0.3 绿化覆盖率 green coverage rate

学校用地范围内，植物的垂直投影总面积占学校总用地面积的百分比。

2.0.4 景观元素 landscape elements

构成园林绿地景观的基本物质要素，包括道路、地坪、山石、水体、建（构）筑物、小品、植物等。

2.0.5 基础种植 foundation planting

紧靠建筑立面与地面的交接处的植物种植。

2.0.6 心理尺度 psychological scale

人的心理和情感寄托对空间环境及环境要素在反映形态方面进行评价和控制的度量关系。

2.0.7 生理尺度 physiological scale

人的身高和活动范围对空间环境及环境要素在大小尺寸方面进行评价和控制的度量关系。

2.0.8 绿视率 green looking ratio

人眼视觉范围内直观感受绿色植物三维空间总量占可视范围的空间感受比重。

2.0.9 土壤污染监测 soil pollution measurement

对土壤各种金属、有机污染物、农药与病原菌的来源、污染水平及积累、转移或降解途径进行的监测活动。

2.0.10 骨干枝 skeleton branch

构成树冠骨架的永久性大枝。

2.0.11 生长期 growing period

一年中植物显著可见的生长时期。

2.0.12 休眠期 resting period

植物体或其器官在发育的过程中，生长和代谢出现暂时停顿或放缓的时期。

2.0.13 切边 edging

为阻隔两种不同植物生长带来相互影响所采取的养护措施。

2.0.14 彩叶树 colored leaf tree

树木叶片、茎杆等常年呈现出异色（非绿色）的植物。

3 基本规定

3.0.1 学校绿化应贯彻生态文明、绿色学校的宗旨，倡导节约型园林、低维护理念。

3.0.2 学校绿化应以人为本、因校制宜、生态优先、资源节约、布局合理、功能完善、景观优美、寓教于乐。

3.0.3 学校绿化应保留并利用好原有的植被和地形地貌，以栽植木本植物为主，提高学校绿地率和绿化覆盖率。

3.0.4 学校绿化应遵循先规划设计后施工的原则，总体规划可分步实施，确保学校绿化整体风格统一、绿化景观面貌的可延续性。

3.0.5 学校绿化建设、养护作业应安全文明操作；学校绿化的施工和养护不得影响正常的教育活动；对学校内假山、水景等构筑物，应设置安全警示标志及防护设施。

3.0.6 学校绿化应与教育、教学相结合，培养师生爱绿护绿意识；合理布置学习实践园地，科学设置植物铭牌，人性化设计游憩设施。

3.0.7 学校绿化应充分挖掘其文化内涵，各类园林小品、植物造景的主题应符合校园的特点。

3.0.8 学校用地范围内的古树名木和古树后续资源应遵守《上海市古树名木和古树后续资源保护条例》的规定，其日常养护管理应符合现行上海市地方标准《古树名木和古树后续资源养护技术规程》DB31/T 682 的规定。

3.0.9 校园建筑应因地制宜实施立体绿化，立体绿化建设和养护应符合现行上海市工程建设规范《立体绿化技术标准》DG/TJ 08—75 的规定。

3.0.10 花坛、花境建设和养护应符合现行上海市工程建设规范《花坛、花境技术规程》DG/TJ 08—66 的规定。

3.0.11 草坪建设和养护应符合现行上海市工程建设规范《园林绿化草坪建植和养护技术规程》DG/TJ 08—67 的规定。

3.0.12 无障碍设施应符合现行国家标准《无障碍设计规范》GB50763 的规定。

4 设 计

4.1 一般规定

4.1.1 学校绿化的设计应依据学校总体规划要求，按照不同学段特点及需求，结合环境特点和建筑风格，利用原有地形地貌，体现学校绿化的个性特色，满足功能、文化、生态和安全的要求。

4.1.2 规划设计宜由具备风景园林工程设计专项资质的单位实施。

4.1.3 当学校绿化的生态、功能、景观效果严重影响学校教学需求时，应进行改造设计。

4.1.4 方案编制、详细设计和改造设计应符合现行上海市工程建设规范《绿地设计标准》DG/TJ 08—15 的规定。

4.1.5 绿化各元素的造型、尺寸、色彩应满足相应学段学生的生理尺度和心理尺度。

4.1.6 学校出入口广场绿化设计风格、形式、色彩、材质等宜与城市道路绿化景观相协调统一。

4.1.7 应根据校舍建筑特点，因地制宜地选择立体绿化形式，满足功能、安全和景观要求，增加绿化覆盖率和绿视率。

4.1.8 植物铭牌应符合现行上海市地方标准《植物铭牌设置规范》DB31/T 1233 的规定，造型应结合教学设置，趣味生动，标注形象易懂，与环境协调。

4.2 设计布局

4.2.1 学校绿化设计布局应符合以下要求：

1　环境育人，体现功能决定形式。

2　绿色环保，营造自然生态环境。

3　因地制宜，尊重场地自然要素。

4　突显文化，打造学校绿化特色。

5　持续发展，适应未来变化发展。

4.2.2　学校绿化设计技术经济指标应符合以下要求：

1　绿地率必须满足规划已批的指标。

2　技术经济指标应满足表 4.2.2 的要求。

表 4.2.2　学校绿化设计技术经济指标

<table>
<tr><th>技术经济指标
学校类型</th><th>绿化覆盖率/绿地率</th><th>集中绿地面积/绿地面积</th><th>道路地坪占地面积/绿地面积</th><th>硬质小品占地面积/绿地面积</th><th>绿化种植面积/绿地面积</th></tr>
<tr><td>幼儿园</td><td>>1</td><td>>10%</td><td><10%</td><td rowspan="4"><1.5%</td><td>>70%</td></tr>
<tr><td>小学</td><td>>1.5</td><td>>12%</td><td><12%</td><td>>70%</td></tr>
<tr><td>中学</td><td>>2</td><td>>15%</td><td><15%</td><td>>75%</td></tr>
<tr><td>其他教育机构(特殊)</td><td>>2</td><td>>18%</td><td><10%</td><td>>75%</td></tr>
</table>

注：本技术经济指标适用于新建学校，学校绿地改造参考执行。

4.2.3　学校绿化设计布局应符合以下要求：

1　满足学校教育教学、游憩休闲、美化观赏、改善环境的功能要求。

2　与学校建筑形式、场地特点、周边环境相协调，采用自然、活泼与环境相协调的设计风格。

3　体现学生不同年龄层次使用要求，强调形态自然、构图活泼。

4　结合办学理念，挖掘文化特色，用艺术设计手段，传递主题、彰显特色。

5　学校围墙内外绿化应协调统一、自然融合，景观互补，不影响周边市民正常生活和工作。

4.2.4 学校不同区域的绿化设计应符合以下要求：

1 入口广场区域：绿化不得影响出入的便捷和安全，且与城市道路环境相协调，体现学校形象特征。

2 办公教学区域：

1）绿化应满足学习、办公、交流的环境要求，与建筑形式风格相呼应。

2）教学办公楼周边应以落叶乔木为主，且与教学办公楼保持安全距离，南面不宜小于 8 m，北面和东面不宜小于 5 m，西面不宜小于 4 m，不得影响建筑的通风和采光。

3）建筑周边应采用灌木或地被作基础种植。

3 体育运动区域：

1）绿化以疏林草地形式为主，满足夏有遮荫、冬有阳光的活动环境，运动场东西两侧以大乔木为主。

2）运动场与建筑物之间应有绿化带分隔，大乔木种植点与运动场安全距离不应小于 2 m，留出合理的疏散通道，周边应根据实际情况预留运动缓冲区。

4 配套生活区域：绿化应符合配套建筑的功能要求及风格特点，满足集散、停车、通风、采光、休憩功能需求。

5 集中绿地：绿地内应设置活动散步、学习交流、安静休息等功能性空间，按需求配置道路地坪、景观廊架、山石水景、疏林草地等景观元素，功能性空间应满足形式开放、景观活泼、色彩丰富的要求。

6 道路：应采用行道树增加遮荫和绿量，兼顾行道树与建筑之间通风采光需求。

7 学习实践园地：

1）应设置于学校边角且背风向阳处。

2）植物种类选择应满足学校课程设置和师生兴趣爱好的

需求，适应课程改革需要，同特色课程、研究性课程、探索性课程以及劳技课程相结合。

3）宜设置喷灌设施和采摘赏果步道。

4）应设置植物宣传铭牌。

8 小动物饲养园：

1）应设置在学校下风向位置，与学校教学、办公和生活区保持距离。

2）动物笼舍的造型和色彩应与环境协调。

9 附属建筑：

1）屋顶、墙面、沿口等宜实施立体绿化。

2）学校围墙、运动场隔离网和棚架停车场等应实施立体绿化。

3）附属建筑周边绿化应不影响附属建筑使用及检修功能，宜对影响美观的附属建筑应实施绿化遮挡处理。

4.2.5 学校不同元素的绿化设计应符合以下要求：

1 地形营造：

1）充分利用校园场地原有地形地貌，满足使用功能和绿化栽植的要求，符合自然规律和环境要求，兼顾景观和安全需求。

2）地形应满足排水通畅、不积水的要求，土坡应满足造型饱满柔和的营建要求，山石应满足堆置自然、牢固安全的要求，水景应满足设置巧妙、体量适宜的要求。

3）坡度堆置不得大于土壤的自然安息角 30°，超过自然安息角的堆土应设置护坡设施。

2 植物配置：

1）结合学校绿化功能、场地立地条件及环境要求，宜选择本土植物为主、兼顾成熟新优植物种类和品种，学校绿化面积与植物种类数量应符合表 4.2.5 的规定。有条件的学校可设置特色花道和专类园。

表 4.2.5　学校绿化面积与植物种类数量

绿化面积 S(m^2)	植物种类数量
$S \leqslant 3\,000$	≥40 种
$3\,000 < S \leqslant 6\,000$	≥60 种
$6\,000 < S \leqslant 10\,000$	≥80 种
$10\,000 < S \leqslant 20\,000$	≥100 种
$S > 20\,000$	≥140 种

2）乔木的种植量宜为 3 株/100 m^2～5 株/100 m^2，其中落叶乔木占乔木总量宜为 50%～70%；灌木种植面积宜为绿地种植面积的 20%～30%，其中整型灌木种植面积不宜超过灌木种植面积的 20%；草坪草地（运动场除外）种植面积应控制在绿地面积的 30%以下。

3）植物配置应满足绿化气氛浓郁、群落结构稳定、季相特征明显、层次变化清晰、植物搭配合理和养护管理简便的要求。

4）植物种植密度应保证植物生长空间，兼顾近期与远期景观效果，适当考虑初建效果。

5）绿地率未达到规划已批指标的，运动场应铺设天然草坪，不得采用人工草坪铺设，草种应选择耐践踏、抗性强、易管养的品种。

6）植物选择应符合以下要求：

① 应多选择观花、观叶、观果为主的植物种类，不宜选择有毒素、多硬刺、易过敏、有飞絮的植物种类。学校绿化植物种类推荐见本标准附录 A。

② 造型植物应选择树冠饱满、形态自然、耐修剪的树种。

③ 植物规格选择应以青壮龄为主。

3 硬质小品：

1）应根据绿化功能和景观主题要求，合理设置硬质小品。

2）设计应符合风格简洁、形式活泼、结构牢固、色彩协调、尺度得体等要求。

3）应选用环保、低碳、节能材料，并与小品使用功能、学校建筑特点、周边绿化环境等相匹配。

4 配套设施：

1）给水设计应满足浇灌需求，优先利用中水或雨水浇灌。

2）排水设计应以利用地形排水和海绵渗透为主，管道排水为辅。

3）强弱电设计宜避开大乔木的栽植位置。

4）绿化景观照明设计应选择合理位置，避免过度泛光照明。

4.3 个性设计

4.3.1 幼儿园绿化应符合以下要求：

1 空间处理应符合幼儿教育理念，采用简明符号和熟悉的形象表达空间的形式感，采用不同色彩强化空间的领域感，采用趣味造型和设施传递空间的主题感。

2 活动空间应符合幼儿视觉能力和感知心理，利用水体、树叶、花草、沙土、石子等天然元素，营造与自然紧密融合的场地和环境，体现童趣和野趣。

3 色彩处理宜采用高明度、高饱和度、高对比度的配色方法。

4 应合理利用空间，采用功能设施与绿化景观巧妙的叠加、穿插等方式，弥补绿化场地有限的不足。

4.3.2 幼儿园绿化的细节处理应满足幼儿的安全感和趣味性，并符合以下要求：

1 场地铺装应采用软质材料，材料应满足安全环保、防滑、耐磨、易清洁等要求，少用或不用台阶，活动场地宜用平树池。

2 高出场地的侧石、挡墙转角应采用弧度处理，硬质小品立面边缘应钝化或弧度处理，不得出现尖角。

3 水景设置应结合功能需要，硬底水景深度不宜超过0.3 m。

4 建筑小品表面材质（易触摸部位）应平整，不得有毛刺，空隙口径大小不应与幼儿手指相当。

5 活动区域内的植物群落配置应体量轻盈、结构简洁、层次通透、不阻挡视线。

6 植物应避免选择尖刺类及果实直径小于幼儿的耳道和鼻孔的树种，应避免选择产生飞絮的树种和招蚊虫的开花植物。

4.3.3 小学绿化应符合以下要求：

1 空间处理应满足围合亲切、边界清晰、色彩活泼、设施安全、标识趣味等符合小学生生理特点的要求。

2 绿化各景观元素尺度把控应体现亲切性和适宜性。

3 植物色彩应选择明度低、中性饱和度、对比柔和的复合色彩，单个空间中色彩选用不应超过认知临界值，通常为3种～4种。

4 硬质景观宜采用暖色调、粗糙而软性的材质，不宜采用暗色调、光滑而坚硬的材质，多用自然界各种原生材质。

4.3.4 小学绿化的细节处理应满足小学生的活泼性和安全感，并符合以下要求：

1 场地铺装应采用软质材料为主，适量点缀硬质材料，材料应满足质朴、防滑、耐磨、易清洁的要求。台阶应注意防滑，台阶数量应大于2级。活动场地应用平树池或高出场地的圆树池。

2 高出场地的硬质景观棱角应采用弧度处理。硬质小品立面边缘应钝化或弧度处理，不得出现尖角和锐角。

3 水景设置应结合功能需要，且硬底水景深度不宜超过

0.5 m。

4 植物群落应满足体量适中、层次清晰的要求。

4.3.5 中学绿化应符合以下要求：

1 空间处理应满足形态自然活泼、围合低矮轻巧、主题含蓄内敛、色彩简洁和谐、标识规范清晰等要求。

2 绿色景观尺度应符合中学生身心特点，心理尺度应满足私密、亲密、安全的要求，生理尺度应满足舒适、合理、协调的要求。

3 色彩处理应满足格调的整体感、变化的协调感、点缀的呼应感等要求。

4.3.6 中学绿化的细节处理应满足中学生的适宜性和安全性，并符合以下要求：

1 场地铺装应采用硬质材料和软质材料相结合，材料应满足质朴、防滑、耐磨、易清洁等要求，台阶应注意防滑，台阶数量应大于 2 级。

2 水景设置应结合功能需要，且硬底水景深度不宜超过 0.7 m，软底水景沿岸线 2 m 范围内水深不宜大于 0.7 m。

3 植物群落应结构丰富、层次饱满。

4.3.7 其他教育机构绿化应符合以下要求：

1 除满足幼儿园、小学、中学绿化设计要求外，应强调使用功能上的特殊性。

2 整体布局应简洁，造型、色彩、质感应具有识别性，标识系统应符合学生认识规律。

3 绿化设计应利用景观弥补身体视觉、听觉、触觉、嗅觉的缺陷。

4 应结合学生特点，增加视觉、触觉、味觉警示和身体保护等方面的设计，扩大安全的活动范围。

4.3.8 其他教育机构绿化的细节处理应满足学生的特殊性和安全感，符合以下要求：

1 场地铺装应以软质材料为主、硬质材料为辅，材料应满足质朴、防滑、耐磨、易清洁等要求，场地高差应采用坡道处理，活动场地应采用平树池或高出场地的圆树池。

2 高出场地的硬质景观棱角应采用弧度处理。

3 水景设置应结合功能需要，硬底水景深度不应超过0.7 m，软底水景沿岸线2 m范围内水深不得大于0.7 m，必要时应加设围栏。

4 植物群落配置应满足体量适宜、结构简洁、层次开朗的要求。

4.4 改造设计

4.4.1 学校绿化改造设计应符合以下要求：

1 绿地总面积不应减少，改造后的绿地面积不应小于规划批准的绿地指标，绿化种植面积不应低于绿地总面积的70%。

2 不宜改变原有总设计意图，调整后的绿地对原有设计意图应有完善、补充、提升的作用。

3 不宜改变原地形骨架，调整后的地形应对原有植物的生长起到良好的促进作用。

4 原有大树应就地保留，并做好保护措施。

4.4.2 学校绿化改造前期准备应符合以下要求：

1 改造设计前应做好现状绿地踏勘调查和分析评价，提出保留或调整或改造的设计策略。

2 分析评价应从前期设计、中期施工、后期养护三个角度分析其产生问题的根源。

4.4.3 学校绿化改造对策应符合以下要求：

1 绿地硬质景观改造应满足品质提升、功能完善、安全舒适的要求，改造内容应侧重使用功能的不合理、设施结构的不安全、外部装饰的不美观、景观整体的不和谐等方面的问题。

2 绿地植物景观改造应满足生态修复、功能完善、景观提升的要求，植物景观改造采用保留上层、梳理中层、更新下层的对策。绿地植物景观改造对策详见表 4.4.3。

表 4.4.3 绿地植物景观改造对策

<table>
<tr><th>方法</th><th colspan="3">对策措施</th></tr>
<tr><td rowspan="2">加法</td><td>新增</td><td colspan="2">增加植物种类</td></tr>
<tr><td>补缺</td><td colspan="2">弥补植物群落空秃</td></tr>
<tr><td rowspan="7">减法</td><td rowspan="3">修剪</td><td>整理</td><td>处理树冠散乱的现象</td></tr>
<tr><td>控高</td><td>控制植物体高度</td></tr>
<tr><td>疏枝</td><td>处理树冠过密的现象</td></tr>
<tr><td>抽稀</td><td colspan="2">梳理过密群落</td></tr>
<tr><td>去杂</td><td colspan="2">去除零星、杂乱的植物种类</td></tr>
<tr><td>淘汰</td><td colspan="2">去除长势差、衰老、退化的植物种类</td></tr>
<tr><td>移位</td><td colspan="2">调整植物种植位置</td></tr>
<tr><td rowspan="2">加减法</td><td>归类</td><td colspan="2">将大面积空秃区域的零星植物集中布置</td></tr>
<tr><td>替换</td><td colspan="2">更换不适宜的植物种类或调整植物种植形式</td></tr>
</table>

5 施 工

5.1 一般规定

5.1.1 应按图施工，涉及变更的应由甲方、设计人员和监理人员共同确认。

5.1.2 施工应避开学校正常教学时间，不得影响学校教学的正常开展。

5.1.3 隐蔽工程应经专业监理确认后方可实施下一步施工工序。

5.1.4 苗木栽植前应把好检验关，确保苗木形态、规格、质量达到设计要求；外省市进沪苗木应提供植物检疫证明。

5.1.5 绿化植物应随到随栽，当天无法完成栽植的应做好假植、叶面喷雾等保活措施。

5.1.6 苗木吊装施工，应设置施工警示标志，确保安全。

5.1.7 改造施工应设置封闭区域，严格控制噪声、粉尘。

5.1.8 学校绿化施工验收应符合现行上海市工程建设规范《园林绿化工程施工质量验收标准》DG/TJ 08—701 的规定。

5.1.9 施工监理应符合现行国家标准《建设工程监理规范》GB/T 50319 的规定。

5.2 施工准备

5.2.1 施工准备应符合以下要求：

1 施工单位及甲方的人员应掌握工程的相关资料，熟悉设计意图和质量要求。

2　施工作业人员应熟悉施工现场周围环境、电源、水源、土源、堆料场地、生活设施位置等施工所需条件，以及场地内隐蔽管线交底情况。施工前应通知隐蔽管线管理单位。

3　学校场地保留的原有乔木应做好标记，并做好保护措施。

4　施工前土壤污染监测应按现行行业标准《土壤环境监测技术规范》HJ/T 166 的规定执行，含有超标重金属的土壤必须采取合理措施处置。

5　栽种前应清除有效土层内不利植物生长的建筑垃圾、石块、杂草根、碎砖、玻璃等，全面翻耙土壤整地过程应同步采取消毒措施。

5.2.2　土壤质量应符合以下要求：

1　土壤应疏松、无异味且无粒径大于 20 mm 的石块、砖块等建筑垃圾，严禁混入不可降解的外来物料和有害物质。土壤理化性质应满足现行上海市工程建设规范《园林绿化栽植土质量标准》DG/TJ 08—231 的规定。

2　学习实践园地的土壤中不应有尖锐或粒径大于 10 mm 的石砾、砖块等，且无其他不利于植物生长的杂物。

3　栽植乔木的有效土层应大于 1.5 m，栽植大灌木的有效土层应大于 0.8 m，栽植小灌木的有效土层应大于 0.6 m，栽植竹类植物的有效土层应大于 0.6 m，栽植花坛、花境的有效土层应大于 0.4 m，栽植地被、草坪的有效土层应大于 0.3 m。有效土层深度内应无水泥硬地坪和其他不透水层。

4　盐碱土、重黏土、砂土及含有其他有害成分的土壤应改良或使用符合栽植土质量标准的土壤置换。

5.3　施工要点

Ⅰ　隐蔽工程

5.3.1　树穴应符合以下要求：

1　树穴的直径(或正方形树穴的边)应比根系或土球直径大0.4 m。

2　树穴的深度应与根系长度或土球高度相等。

3　树穴应垂直下掘,上、下口径相等。

5.3.2　地形营造应符合以下要求:

1　地形营造应符合竖向设计图要求,分层堆积土壤,自然沉降标高达标后方可开展下一道工序。

2　回填的栽植土应达到自然沉降状态,地形、平整度和排水坡度应符合设计要求,且自然流畅,无明显的低洼和积水。

3　无污染的建筑水泥块、渣土、砖块等可粉碎后作为再生资源利用,或采用就地掩埋方式处理,掩埋深度应在地表2 m以下。

4　幼儿园运动玩耍的土堆斜坡较陡时,应栽植草坪草,确保土坡不滑坡、黄土不裸露。

5.3.3　管道、暗沟应符合以下要求:

1　地下管道施工应制定管道施工方案,做到不裸露。喷灌、滴灌和渗灌等节水设施施工应满足埋设深度要求,弱电和电力电线入地应有套管,接线线头不得外露。

2　管道上沿不应低于有效土层深度;暗沟施工应不影响植物栽植。

3　管道、暗沟施工应全过程监理,并做记录。

4　管道自动化监测设备宜与施工同步进行。

5.3.4　设施设备应符合以下要求:

1　设置在地面以下部分的设施设备应做好防水防潮处理,并预留检修口。

2　设施设备地面部分应栽植绿色植物遮挡,间距不少于0.2 m。

Ⅱ　苗木质量

5.3.5　乔灌木质量应符合以下要求:

1　植株生长健壮、叶色正常、树冠完整,主干和主枝无机械损伤、无明显病虫害，且满足设计所需规格。孤植苗木树冠应完整、饱满，骨干枝分布均衡。

2 土球应绑扎完好、不松散；裸根苗应根系茁壮、保留须根。

3 绿篱植物应规格一致、植株枝叶饱满。

4 造型植物应满足设计规格、无残缺。

5.3.6 花卉质量应符合以下要求：

1 一、二年生花卉应选用容器苗，植株饱满，规格整齐。

2 宿根、块茎和球根花卉根系应完整、无腐烂变质，并有2芽以上。

3 观叶植物应叶簇丰满均匀、形状完好、叶色鲜艳。

4 水生植物的根、茎、叶应发育良好，植株健壮。

5.3.7 草质量应符合以下要求：

1 采用草籽播撒的，草籽应饱满、无病虫害，且发芽率达90%以上。

2 采用草块或草卷铺设的，应规格一致、边缘平直、无恶性杂草，杂草比例不超过1%，无明显病虫害。

Ⅲ 植物栽植

5.3.8 乔灌木栽植应避开地下管线，以春秋两季栽植为主，反季节栽植的应做好保活措施，强修剪后树冠应至少保留1/3的绿量。

5.3.9 乔灌木土球直径应符合以下要求：

1 苗木地径小于40 mm的，根系或土球直径取450 mm。

2 苗木地径大于40 mm且小于190 mm的，地径每增加10 mm，根系或土球直径增加50 mm。

3 苗木地径大于190 mm的，以胸径的2π倍(约6.3倍)为根系或土球的直径。

4 无主干植物的根系或土球直径取根丛周长的1.5倍。

5 土球厚度不小于土球直径的2/3，土球底径不大于土球直径的1/3。

5.3.10 苗木进场前监理单位应验收苗木质量，栽植前应修剪损伤的树枝和树根，并根据栽植时令适当疏稀枝叶，50 mm以上的剪口应作防腐处理。幼儿易触碰到的枝条剪口应打磨钝化，幼儿园、小学和特殊教育学校集中活动区域的树木树体上应作防撞处理。

5.3.11 苗木栽植应将丰满完整的面朝向主要观赏面。

5.3.12 乔灌木栽植定位后应取出包装物，回填土应密实，土球周边不应有空隙。培土应分层压实，栽植深度应保证在土壤下沉后根颈略高地表面。

5.3.13 绿篱、色块、地被等片植植株栽植应满足设计密度要求，可根据苗木规格经设计认可后适当调整。

5.3.14 运动场草坪建植应符合以下要求：

1 运动场草坪建植应参照天然草坪面层场地构造做法，采用播籽、植生带、分株、播茎、满铺等方式建植。

2 运动场地基层压实度、标高和坡度应满足设计要求，根底原土层0.3 m内应清除较大的砾石垃圾。

3 排水系统宜采用龟背式盲沟和明沟结合，场地内设盲沟，四周设明沟，排水盲沟低端与明沟相连。

4 石子滤水层、滤层布、栽植砂层的设置应符合施工方案要求。

5 灌水系统宜采用成套的全固定式喷灌系统。

6 栽植砂土应满足设计要求，压实后刮平整，达到标高和坡度要求。

7 建植质量应符合现行行业标准《园林绿化工程施工及验收规范》CJJ 82的规定。

5.3.15 普通草坪建植可分冷暖草坪两类，暖地型草应在仲春和初夏，宜梅雨季建植；冷地型草应在秋季建植；铺设草块的草坪建植时间不应在炎夏及寒冬。

5.3.16 花卉栽植应符合现行上海市工程建设规范《花坛、花境技术规程》DG/TJ 08—66 的规定。栽植土应肥沃疏松，栽植前应施腐熟基肥。

Ⅳ 其他工程

5.3.17 其他工程应符合以下要求：

1 施工材料应由监理单位入场验收，具备环保认证标志。

2 屋顶绿化施工应加强原有设施的保护，大规格苗木的支撑固定，不得破坏屋顶防水层。

3 学校绿化的小品工程、电气安装工程、给排水工程等应按设计要求施工。

4 护栏设施、花坛设施、亭廊、景墙和假山石等硬质景观材料施工拼接处应光滑圆润、无尖锐部件，围栏间距应小于学生头围，木板拼接空隙或空洞不得超过手指宽度。

5 园路侧石沿口应做倒角处理，不应出现直角或锐角边口。

5.4 后期维护

5.4.1 支撑与绑扎应符合以下要求：

1 新栽的乔木或大规格灌木应设立支撑，幼儿园、小学和特殊教育学校集中活动区可不设支撑，确需支撑的，其支撑物 1.2 m 以下应采用柔性材料包裹。支撑可用扁担支撑、三角支撑或单柱支撑。

2 胸径小于 150 mm 的行道树可用单柱支撑，支柱应设在盛行风向的一面。

3 规则式栽植的成排成片树木支撑高度及排列应整齐划一，方向及位置正确恰当，裹干或扎缚整齐，裹干材料应具备良好的透水透气性。

4 相连的树木支撑可用绳索相互连接，绳索应有明显警示色，在两端或中间适当位置设置支撑柱。

5 藤本、攀援植物栽植后应适时绑扎或牵引，借助固定的支撑物用绳索采用“∞”形结扎。

6 校内活动区域和各通行处，学生易接触的树木支撑物、绑扎绳等应设置醒目的安全标志，硬质支撑绑扎物与树木接触点之间应采用柔性垫料。

5.4.2 新栽植物养护措施应符合以下要求：

1 珍贵乔灌木树种应在夏季采取遮荫、树冠喷雾或喷施抗蒸腾剂等保活措施；冬季可采取树干缠草绳、麻绳等保温、保湿措施。

2 乔灌木的树冠、树干应喷洒浇水，保持苗木树体湿润。

3 草本花卉栽植后可用花洒，细水慢浇。

4 草坪大面铺设完成后，在第一次浇水后应用木方拍打草皮。

5 草籽播后应用无纺布从前往后顺序铺设遮盖，浇水时避免踩踏，应在草坪周边有顺序均匀地喷洒，不得用水管直冲、乱喷。草芽长至 50 mm 后，抬高抖松无纺布，使草芽通风，1 周后应将无纺布全部揭掉。

6 浇水时间应按季节变化，高温季节宜在 10:00 以前，17:30 以后；低温季节宜在 10:00 至 14:00 之间。

5.4.3 新栽乔灌木浇水应符合以下要求：

1 应结合土壤干湿状况和树木根部受损情况，选择正确的浇水时机和方式，浇水量要充足、均匀，水流不能太急。

2 新栽树木应 24 h 内浇足浇透水，隔天补水，1 周后再次浇水。水流应缓慢达到自然渗透效果，并及时扶正固定，用细土将缝隙填充好。

3 栽植于过湿过潮土壤的树木，不应着急浇水，检查土壤满足条件后方可开展浇水作业。

4 根系受损严重的新栽树木，应做好消毒、防腐等措施后方可栽植。

5 自然渗透浇水可在软管的末端安装一段长约 0.7 m 的硬质管，浇水时应将硬质管在土球周边，多角度、插入土球下端慢慢渗透。

5.5 改造施工

5.5.1 改造施工宜在暑假或寒假期间开展，确需教学期间改造的，应封闭施工。

5.5.2 改造区域土壤宜重新测定各项指标，土壤理化指标应符合现行上海市工程建设规范《园林绿化栽植土质量标准》DG/TJ 08—231 的规定。

5.5.3 植物调整改造应符合以下要求：

1 新栽植的植物应同保留的原有植物群落自然衔接。

2 改造区域保留的原有植物应采取保护措施，且不得随意改变保留植物生长的地形标高；确需改变的，应有相应的技术措施。

3 新栽乔灌木栽植位置距市政地下管线水平净距离宜保持在 1.5 m 以上。

4 栽植前应做好树冠整理，保留原有树形进行疏枝短截，可剪除部分侧枝，保留的侧枝短截不应伤害腋芽，应多摘除叶片。

5 学校寒暑假施工，苗木应以容器苗为主，并注意高温抗旱和防寒保暖处理；非容器苗应采取土球移植方式，做到卸车后 6 h 内栽植完成。

6 新栽植的乔灌木根部可喷促进生根类激素，栽植时宜加施保水剂。

5.5.4 硬质景观材料及施工处理工艺宜与原有风格保持协调。

5.5.5 学校绿化改造工程竣工验收前，施工单位应拆除绿地范围内的临时设施。

5.6 质量验收

5.6.1 苗木栽植验收时间应符合以下要求：

1 花坛内栽植的一、二年生花卉应在栽植 15 d 后进行验收。

2 宿根花卉验收，春季栽植的应在当年发芽后进行验收，秋季栽植的应在第二年春发芽出土后验收。

3 籽播草坪或植生带铺设的草坪应在种籽大批发芽后进行验收；草块移植的草坪应在草块成活后进行验收。

4 灌木、地被生长期栽植的应在栽后 1 个月验收，休眠期栽植的应在新的生长发芽开始后 1 个月期满后验收。

5 乔木生长期栽植的应在栽后 3 个月验收，休眠期栽植的应在新的生长开始 3 个月期满后验收。

5.6.2 项目中间工序验收应符合以下要求：

1 每批运到施工地点的栽植植物，均应在栽植前由施工人员验收。

2 栽植植物的定点、放线验收应在坑槽挖掘前。

3 栽植乔、灌木的坑槽验收应在树苗移植前。

4 更换栽植土和施基肥验收应在坑槽挖掘后与植物栽植前。

5 草坪和花卉的整地工程验收应在播种与花苗或块茎、球根栽植前。

6 栽植土壤质量、地形验收应在苗木栽植前。

5.6.3 工程质量验收应符合以下要求：

1 隐蔽工程组织验收可按现行国家标准《建筑工程施工质量验收统一标准》GB 50300 的规定执行。

2 植物材料、栽植土、土壤改良材料和肥料等，均应在栽植前按其规格、质量要求分批进行阶段检测、验收，并及时填报到场验收单。

3 植物验收应符合以下要求：

1）乔木骨干枝应保留完整，分布均匀，角度开张。

2）乔灌木应生长健壮、叶色正常、主干无损伤，无明显病虫害危害症状，无枯枝、无枯叶，主干绑扎包裹符合规范，无缺损脱落。

3）用作地被的灌木应枝繁叶茂，每平方米非正常落叶不得超过5%。

4）攀援植物应根据生长需要进行绑扎牵引。

5）草坪应表面平整，无凹凸不平地块，生长茂盛，色泽正常，无病虫害，无局部枯黄；验收时留草高度不得超过80 mm。

6）盆栽花卉，植株蓬径应大于盆口直径。

7）地栽花卉，每平方米植株覆盖率应满足小苗期超过80%、成苗期超过95%的要求。

4 植物竣工验收成活率应符合以下要求：

1）乔、灌木和地被的成活率应达到95%以上；珍贵树种、孤植树和行道树成活率应达到98%；反季节栽植成活率应不低于90%。

2）花卉栽植成活率应达到95%以上。

3）草坪覆盖率应达到95%以上。

5 应绿地整洁、表面平整、无杂物、无杂草。

6 花卉栽植地或摆放地应地表整洁、基本无杂草，花卉生长茂盛，无枯黄、无病虫害，繁花期后应及时更换。

7 造型植物材料的整形修剪应符合设计要求。

8 质保期满，乔灌木、地被、花卉和草坪等各项指标均应达到100%。

9 学校绿化的栽植工程、小品工程、电气安装工程、给排水工程等验收应按现行上海市工程建设规范《园林绿化工程施工质量验收标准》DG/TJ 08—701执行。

5.6.4 草坪、地被验收应符合以下要求：

1 草坪应表面平整，无凹凸不平地块，生长茂盛，色泽正常，无病虫害，无局部枯黄。

2 草坪应及时修剪，留草高度不得超过 80 mm。

5.6.5 花卉验收应符合以下要求：

1 花卉栽植地或摆放地应地表整洁、基本无杂草，花卉生长茂盛，无枯黄、无病虫害，繁花期后应及时更换。

2 地栽花卉，每平方米植株覆盖率应满足小苗期超过 80％、成苗期超过 95％的要求。

3 盆栽花卉，植株蓬径应大于盆口直径。

5.6.6 乔灌木验收应符合以下要求：

1 乔木树冠部分的骨干枝应保留完整，分布均匀，角度开张。

2 植株应生长健壮、叶色正常、主干无损伤，无明显病虫害危害症状，无枯枝、无枯叶、无残花，主干绑扎包裹符合规范，无缺损脱落。

3 用作地被的灌木应枝繁叶茂，每平方米非正常落叶不得超过 5％。

4 攀援植物应根据生长需要，进行绑扎牵引。

6 养护

6.1 一般规定

6.1.1 根据季节、气候、植物生长状况及设计的意图，应适时采取科学合理的养护技术措施，保持学校的植物健康和群落稳定，形成优美绿化景观。

6.1.2 学校内绿化养护应满足不同区域的功能要求。

6.1.3 学校临街绿地养护要求应与周边绿地一致、景观面貌协调统一。

6.1.4 学习实践园地宜有专门养护人员负责养护管理。

6.1.5 养护过程中应避免产生的噪声对正常教学造成影响；施用农药前应及时告知，及时处置有农药残留的各类容器及工具，及时收归保管好养护小工具，确保人员安全。

6.1.6 本标准中未涉及的技术内容，应符合现行上海市工程建设规范《园林绿化养护标准》DG/TJ 08—19 和《绿化植物保护技术规程》DG/TJ 08—35 的相关规定。

6.2 植物修剪

6.2.1 植物修剪应符合以下要求：

1 落叶树的修剪应在树木进入休眠期后至翌年树液流动前进行，避开极端低温天气；伤流树的修剪应在夏末或秋末冬初进行；常绿树的修剪应在春季萌芽前或秋季新梢停止生长后进行，避开极端严寒和高温天气。

2 修剪操作应遵循先上后下、先内后外、先大后小的顺序。

3　修剪应符合设计意图，除特殊需要外，应保持自然树形，不应平截强修。

4　修剪应选择留下培养方向的剪口芽，剪口部位在剪口芽上方 10 mm～20 mm，呈 45°倾斜。剪口平整光滑，不撕皮、不裂干。切口直径大于 50 mm 时应作防腐处理，不留短桩、烂头。

5　修剪应及时剪除枯枝、烂头、根蘖枝、重叠枝、下垂枝、伤残枝及影响通行、视线、采光通风的枝条，并适度保持树势平衡。

6.2.2　乔木修剪应符合以下要求：

1　顶端优势明显的乔木，应定期对围绕树木主干同一层面的枝条进行分层疏剪更新，保持树木冠形。

2　顶端优势不明显的乔木，一般以疏剪为主。在保持树木冠形的基础上，定期对过密的枝条有选择地进行修剪，重点去掉枯枝、病虫枝等。

3　学校行道树应及时清除易掉落的果实，枝下高不低于 2.8 m。

6.2.3　灌木修剪应符合以下要求：

1　花灌木的修剪应符合以下要求：

1）当年生枝条开花的灌木，休眠期修剪时，对于生长健壮枝条应在保留 3 个～5 个芽处短截。

2）当年多次开花的花灌木花落后应及时剪去残花。

3）隔年生枝条开花的灌木，休眠期应适当整型修剪，生长期花落后 10 d～15 d 将已开花枝条进行中或重短截，疏剪过密枝。

4）多年生枝条开花的灌木，应剪除干扰树型并影响通风透光的过密枝、弱枝、枯枝或病虫枝。

2　灌木造型的修剪应使树型内高外低，形成自然丰满的圆头形或半圆形树型。

3　灌木丛的修剪应逐年更新衰老枝、疏剪内堂密生枝、培育新枝。

4　绿篱及色块修剪应轮廓清楚、线条整齐，顶面平整，高度一致，侧面上、下垂直或上窄下宽，每年修剪次数应大于2次。

6.2.4　藤本修剪应符合以下要求：

1　用作墙面攀爬的藤本植物生长季应及时剪去未能吸附墙体而下垂的枝条。

2　依附于棚架的藤本，落叶后应疏剪过密枝条，清除枯死枝。

3　成年和老年藤本应常疏枝，并适当进行回缩修剪。

6.2.5　草坪修剪应符合以下要求：

1　草坪修剪应依据不同草种的习性及草坪的功能、用途、景观特点开展适时修剪，修剪后草的高度一致，边缘整齐。

2　留草的高度以草种、季节、环境等因素而定，不宜超过草坪的自然生长高度的1/3，详见表6.2.5。

表6.2.5　校园内各类草坪的轧草标准和留草高度

草坪类型	常用草种	轧草标准（生长高度）	留草高度	用途
观赏草坪	细叶结缕草 紫羊茅	60 mm～80 mm	20 mm～30 mm	花坛、中心区
休息活动草坪	假俭草 高羊茅	80 mm～100 mm	20 mm～30 mm	庭院、生活区
运动场草坪	百慕大 黑麦草 结缕草	60 mm～70 mm	20 mm～30 mm	足球场

3　草坪轧剪应依据不同的草种和生长季节不同适时开展。

4　运动场草坪应采用条状间隔分批轧剪。

5　草坪边缘的乱草应及时剪除，草坪边界应清晰；草坪切边时宜沿草坪边缘向下斜切，深度宜为20 mm～40 mm，切至草坪植物根部；每次修剪后草叶应及时运出草坪，不留残留物。

6.2.6　其他植物修剪应符合以下要求：

1　竹类的间伐和修剪应在深秋和冬季进行，间伐宜保留

3 年生以下的新竹。

2 宿根地被萌芽前应剪除上年残留枯枝、枯叶，同时及时剪除多余萌蘖，花谢后应及时剪除残花、残枝和枯叶。

3 草本花卉花后应及时剪除枯萎部位。

4 水生植物休眠凋萎后应及时剪除枯黄部位。

5 观赏草休眠后，地上枯死部分应在萌芽前及时清理。

6.3 浇水排水

6.3.1 浇水应符合以下要求：

1 应依据本市气候特点、植物需水、土壤保水、根系特点等，适时适量进行浇水，促其植物正常生长。

2 植物浇水前应先松土。夏季秋初高温季节宜早晚浇，冬季干旱时宜中午浇，一次浇透。对水分和空气湿度要求较高的树种应适时叶面喷水。

3 学校内的运动场天然草坪按能维持正常生长的最小需水量对草坪进行浇水，可每周浇 1 次水。在夏季高温时，应每 1 d～2 d 浇 1 次水。

4 学校内没有灌溉系统的沿口绿化，宜在暑假期间搬下，集中养护管理。

5 当以河湖、池塘、雨水等天然水作为水源时，水质应符合现行国家标准《农田灌溉水质标准》GB 5084 的有关规定；利用再生水作为水源时，水质应符合现行国家标准《城市污水再生利用 绿地灌溉水质》GB/T 25499 的有关规定。

6.3.2 排水应符合以下要求：

1 绿地和树坛地势低洼处，应防止积水，雨季要做好防涝。

2 雨季可采用开沟、埋管、打孔等排水措施及时对绿地和树坛排水。

6.4 土肥管理

6.4.1 施肥应符合以下要求：

1 应依据树木生长需要和土壤肥力情况合理施肥，平衡土壤中各种矿质营养元素，保持土壤肥力。

2 在树木休眠期和栽植前，应以腐熟的有机肥为主。在树木生长期可根据需要，进行土壤施肥或叶面喷肥。

3 树木施肥量应根据树种、肥料种类及土壤肥力状况而定。扩大冠幅宜施氮肥，观花、观果应施磷、钾肥。

4 应根据草坪草的生长状况在 4 月中旬至 9 月底进行追肥。学校内的运动场草坪草萌芽后应及时施肥，肥料以氮、磷复合肥为主。

5 施用有机肥应加 10 mm～30 mm 的土覆盖；不得使用有异味的有机肥。

6.4.2 中耕除草应符合以下要求：

1 绿地内的大型、恶性、缠绕性杂草应连根铲除，草坪的杂草不得影响草坪的景观。

2 运动场草坪应及时清除杂草，保持草坪纯度。

3 树木根部的土壤应适时中耕松土，保证土壤的通气性和透水性。应结合中耕及时清除垃圾、砖块、石子、废杂物，适当保留自然枯叶层。

4 景观要求较高的区域，杂草宜进行手工拔除，一般区域内可进行机械割除。

6.4.3 绿化废弃物处置应符合以下要求：

1 保留在绿地内形成有机覆盖层的植物落叶，树木废弃物制作的有机覆盖物应符合现行上海市地方标准《绿化有机覆盖物应用技术规范》DB31/T 1035 的规定。

2 无法重复使用和处置的绿化废弃物应集中收集，统一处理。集中堆积的应及时做好防火等安全措施，堆积时间不宜超过3 d。

6.5 有害生物防控

6.5.1 有害生物防控应符合以下要求：

1 有害生物防控应遵循绿色环保、生态优先的原则，贯彻“预防为主、综合治理”的方针，保护生物多样性，实现人与自然和谐共生。

2 学校新建或改造绿地引进的苗木、种子及其他繁殖材料应实行植物检疫，避免引入检疫性有害生物。

3 应加强有害生物监测，通过测报灯、引诱剂、人工调查等方式监测校园有害生物发生动态，根据监测结果制定防治策略。

4 有害生物防控详见本标准附录B。应优先采取生态控制、园艺控制、生物防治、理化诱控等环境友好型措施，促进绿地可持续发展。应落实农药、化肥减量化措施。

5 药剂使用宜应用植物源制剂、微生物制剂、仿生制剂，限制使用广谱中毒农药，严禁使用高毒、剧毒和已禁用的农药。

6 药剂使用应严格按照说明书操作，作业时应加强人员自身的防护，严禁随意加大药剂浓度，不得在人流集中时使用药剂，药剂防治宜选择在双休日，不得在水域使用易污染水源和地下水的药剂。

7 使用药剂后1周内，应有明显的警示带围边，避免人员接触。

6.5.2 虫害的防治应符合以下要求：

1 学校内出现检疫性或入侵性害虫，应及时上报到绿化管理部门，并采取应急防控措施控制害虫进一步扩散。

2 刺吸害虫应在害虫孵化初期开展防控，宜使用黄板、蓝板等物理防控方法，保护和利用瓢虫、食蚜蝇、草蛉等天敌昆虫。

3 食叶害虫应重点防治越冬代成虫和第一代幼虫，宜使用杀虫灯和昆虫信息素诱杀成虫，生物制剂防治低龄幼虫。

4 蛀干害虫可使用人工方式控制成虫和幼虫危害，使用杀虫灯和触杀药剂防治成虫，使用天敌昆虫防治幼虫。

5 地下害虫可深翻土壤，使用生物、化学制剂防治。

6 冬季可通过修剪虫枝、树干涂白、刮除翘裂树皮、绑扎草绳或粘虫胶带等方式消灭越冬害虫，降低害虫越冬基数。

6.5.3 病害的防治应符合以下要求：

1 宜选择抗病品种，不宜栽种严重感病品种。

2 应通过适当的水肥管理提升植物生长势，增强植物抗病性。

3 病害发生前期，应采用保护性药剂预防病害发生。

4 病害发生初期，应采用治疗性药剂控制病害扩展。

5 冬季应清洁园区，清理杂草和植物病残体，破坏病原物越冬场所，降低越冬病原物的密度，必要时可使用药剂消灭越冬菌源。

6.6 植物调整

6.6.1 过密的植物群落应及时做好抽稀作业，生长不良的植物应更换，更换的树种、规格应与原有景观协调。

6.6.2 枯朽、衰老、严重倾斜或构成潜在危险的树木，应及时做好扶正或更换。

6.6.3 长势不佳的地被植物应及时更换，缺株应及时补植。

6.6.4 草坪或草地空秃应及时补植，整体老化无法补植的应重新建植。

6.7 水体维护

6.7.1 硬底水景水体维护应符合以下要求:

1 应及时清除水体漂浮物及沉淀物,并定期更换水体。

2 每天至少开放1次喷(涌)泉,每次至少持续0.5 h以上。

6.7.2 软底水景水体应符合以下要求:

1 应严格控制污染源流入水体,及时清除水中垃圾等杂物。

2 有条件的水面可增设喷泉、涌泉装置。

3 有条件的学校可栽植抗污水生植物。

4 在自然条件较好的地方,可引入昆虫、鸟类、鱼类等动物生态系统。

5 应定期清淤。

6.8 设施维护

6.8.1 清理保洁应符合以下要求:

1 构筑物、道路地坪、园林小品中的垃圾及废物应及时清除,定期清理屋面、天沟中的树叶,道路地坪中无积水,设施干净整洁。

2 绿地内无杂物、无堆物、无搭棚,树干上无钉拴刻划。

3 树木绑扎物应根据树木生长情况及时更新调整或松绑,树木无需绑扎后绑扎物应及时拆除。

4 学校绿化内所饲养的动物应符合城市饲养家禽家畜的有关规定,应及时清除垃圾和动物粪便,保持场内无臭、无蚊蝇孳生。

6.8.2 整新维修应符合以下要求:

1 建(构)筑物及园椅、标识牌等园林建筑设施及小品应定期检查,及时修复破损结构或装饰。

2　地面的外露窨井、化粪池、隔油池盖板等设施应定期检查，确保设施完整无损。

3　支撑、灌溉等园林设施设备应定期检查，并及时修复。

6.8.3　构件的整新维修应符合以下要求：

1　铸铁构件应每年油漆保新1次。

2　涂料墙面应每2年整新涂刷1次。

3　木结构应定期检查防腐保护措施。

6.9　防灾抢险

6.9.1　防寒防雪应符合以下要求：

1　应提高植物抗寒能力，秋季少施氮肥，多施磷钾肥。

2　雪后应及时清理积雪和断枝。

3　冬季应对不耐寒和树势较弱的树种采取枝干包裹、树根培土等防寒措施。

6.9.2　防台防汛应符合以下要求：

1　台风暴雨等灾害性天气来临前，应开展树木和设施安全检查。

2　汛期及台风季节应及时做好树木加固、疏枝、扶正、修剪等技术措施。

3　应重点检查在风口处的外挂式沿口绿化和屋顶绿化，做好加固措施，必要时搬离。

4　汛期及台风暴雨前后应及时做好绿地内排水沟渠疏通及积水清除，暴雨后应拆除对树木、设施临时加固的各类措施。

6.10　技术档案

6.10.1　技术档案管理应符合以下要求：

1　技术档案应准确、齐全，专人负责，保管妥善。

2 技术档案应采用纸质档案和电子信息方式归档。

6.10.2 技术档案材料应包含以下内容：

1 养护工作计划总结、养护台账、巡查记录、绿化资金投入情况等应每年汇总整理。养护台账详见本标准附录C。

2 绿化更新调整、设施维修等工程类项目的申报、审批、设计、施工、验收、审核、决算等相关资料。

3 绿化管理组织机构网络、养护合同、养护人员岗位职责等，以及绿化各类人员培训情况。

4 每年的义务植树登记卡、绿化尽责活动记录等履行义务植树情况。

5 有关学校绿化的各类图纸和影像资料。

附录A　学校绿化植物种类推荐表

表A　学校绿化植物种类推荐表

用途	植物名称
行道树	重阳木、复羽叶木栾树、黄连木、榉树、榔榆、柳叶栎、墨西哥落羽杉、娜塔栎、朴树、七叶树、楸树、珊瑚朴、无患子、喜树、银杏、元宝枫
特色花道	海棠类、巨紫荆、美人梅、木槿、石榴、樱花、紫薇
观叶植物	秋色叶树：北美枫香、彩叶豆梨、池杉、东方杉、枫香、红花槭、黄连木、榉树、栾树、马褂木、三角枫、水杉、丝棉木、乌桕、无患子、银杏、重阳木、梓树； 彩叶树：红枫、红花檵木、红叶李、红叶石栎、红叶石楠、黄金香柳、金叶国槐、金叶接骨木、金叶栾树、金叶大花六道木、金叶女贞、金叶水杉、金叶皂角、金森女贞、金枝国槐、蓝冰柏、珍珠彩叶桂、紫叶红栌、紫叶桃、紫叶小檗； 观赏草：斑叶芒、花叶芦竹、狼尾草、蒲苇、细叶芒、细叶针芒、银边芒
观花植物	乔灌木类：白玉兰(市花)、二乔玉兰、广玉兰、桂花、合欢、黄玉兰、红花槐、黄山栾树、巨紫荆、苦楝、泡桐、七叶树、乔木紫薇、楸树、樱花类、梓树、白鹃梅、大花六道木、棣棠、海滨木槿、红花檵木、红瑞木、花桃、黄金条、结香、金丝桃、腊梅、麻叶绣球、美人梅、木芙蓉、木槿、欧丁香、喷雪花、山茶类、山梅花、溲疏、穗花牡荆、猬实、绣线菊、迎春、郁李、珍珠梅、中华木绣球、紫荆、紫薇、紫玉兰； 宿根(球根)花卉：八宝景天、彩叶水芹、丛生福禄考、大花金鸡菊、大麻叶泽兰、地被石竹、非洲百子莲、风信子、茛力花、荷兰菊、红花韭兰、红花酢浆草、忽地笑、花叶玉蝉花、黄金菊、火炬花、火星花、金光菊、荆芥、马蔺、美女樱、美人蕉、迷迭香、石蒜、蜀葵、天蓝鼠尾草、水苏、松果菊、宿根天人菊、随意草、穗花婆婆纳、箱根草、萱草、银叶菊、紫娇花、紫露草、紫叶千鸟花、紫叶鸭趾草； 一、二年生花卉：矮牵牛、百日草、半边莲、波斯菊、长春花、彩叶草、雏菊、大花马齿苋、凤仙、观赏辣椒、鸡冠花、角堇、金叶甘薯、金鱼草、孔雀草、南非万寿菊、虞美人、蓝花鼠尾草、千日红、三色堇、四季海棠、天竺葵、万寿菊、喜林草、一串红、羽衣甘蓝

续表A

用途	植物名称
观果植物	橘、梨、李、梅、猕猴桃、枇杷、葡萄、山楂、石榴、柿树、桃、无花果、香橼、杨梅、枣、紫叶寿星桃
专类园	八仙花类、丁香类、杜鹃类、桂花类、海棠类、锦带类、梅花类、牡丹类、山茶类、绣球类、樱花类、玉兰类、月季类、醉鱼草类、萱草类、鸢尾类
耐阴地被	白芨、大吴风草、鹅毛竹、菲白竹、扶芳藤、吉祥草、筋骨草、阔叶箬竹、兰花三七、络石、麦冬、蔓长春花、洒金桃叶珊瑚、肾蕨、石蒜、头花蓼、玉簪
藤本植物	常春藤、多花紫藤、扶芳藤、京红久忍冬、络石、美国凌霄、凌霄、猕猴桃、木香、爬山虎、葡萄、藤本月季、五叶地锦、西番莲
水生植物	菖蒲、旱伞草、荷花、千屈菜、睡莲、梭鱼草、鸢尾、再力花
运动场草坪	假俭草、结缕草、普通百慕大、杂交百慕大

附录B 学校绿化植物常见有害生物及防治月历

表B 学校绿化植物常见有害生物及防治月历

始发期	有害生物种类	寄主植物	危害症状	防治方法
1月 2月	有害生物越冬		有害生物在枯枝落叶和树皮裂缝、杂草、土壤等处越冬	冬季修剪有虫枝叶，清洁园区，深翻土壤，消灭越冬病虫源
3月	草履蚧	悬铃木、红叶李、月季、樱花等	群集于幼嫩枝芽处刺吸危害，分泌白色蜡丝	早春树干绑粘虫胶带阻止草履蚧上树，上树期使用吡虫啉、啶虫脒、噻虫嗪等药剂防治
	竹茎扁蚜	慈孝竹、凤尾竹等	成、若虫群集于慈孝竹嫩芽和竹茎上危害，分泌白色蜡丝，可诱发煤污	剪除有虫的枝、嫩茎、竹笋，危害高峰期使用吡虫啉、啶虫脒、噻虫嗪等药剂防治
	杭州新胸蚜	蚊母	在叶片背面刺吸危害，形成虫瘿，使叶片畸形、扭曲、提早落叶	冬季修剪有虫枝条，初孵若虫期使用吡虫啉、啶虫脒等药剂防治
	栾多态毛蚜	黄山栾树	成、若虫在枝条、叶片刺吸危害，使新梢扭曲、皱缩、丛生，诱发严重煤污	冬季绑草绳诱集栾多态毛蚜产卵越冬，保护自然天敌；若虫孵化期使用吡虫啉、啶虫脒、噻虫嗪等药剂防治

续表B

始发期	有害生物种类	寄主植物	危害症状	防治方法
3月	黄杨绢野螟	瓜子黄杨、雀舌黄杨	幼虫在新梢吐丝缀叶形成虫苞，在其中啃食叶肉，造成新梢枯死	修剪去除越冬幼虫，杀虫灯诱杀成虫，灭幼脲、烟参碱、阿维菌素等药剂防治低龄幼虫
	大叶黄杨斑蛾	大叶黄杨、丝棉木、卫矛	幼虫取食新梢和嫩叶，造成新梢枯死	早春修剪有虫枝条，幼虫发生期使用灭幼脲、烟参碱、苏云金杆菌等药剂防治
	小蜻蜓尺蛾	红叶李、石楠、樱花、梅树等	幼虫取食新叶，短期内可取食大量叶片	修剪有虫枝条，初孵幼虫期使用灭幼脲、烟参碱、短稳杆菌等药剂防治
4月	桧柏-梨锈病	梨树、贴梗海棠等	受害叶正面出现橙黄色小点，后扩大凹陷，叶背凸起，产生黄褐色毛状物	梨树不与桧柏混栽，发病初期使用粉锈宁、嘧菌酯等药剂防治
	月季白粉病	月季、蔷薇等	危害叶片、嫩梢、花蕾，使叶片、花蕾密被白粉，生长减缓，畸形	修剪发病枝叶，发病初期使用代森锰锌、腈菌唑、烯唑醇等药剂防治
	月季黑斑病	月季、蔷薇等	初期叶片有褐色放射状小斑，后逐渐扩大为黑褐色近圆形斑，可扩展全叶，病叶易落	修剪发病枝叶，发病初期使用代森锰锌、烯唑醇、吡唑醚菌酯等药剂防治
	月季锈病	月季、蔷薇等	危害叶片、嫩枝、花梗，受害叶正面淡黄色不规则病斑，背面有黄色粉状物	修剪发病枝叶，发病初期使用粉锈宁、烯唑醇、吡唑嘧菌酯等药剂防治

续表B

始发期	有害生物种类	寄主植物	危害症状	防治方法
4月	月季长管蚜	月季、蔷薇等	成、若虫刺吸新梢和新叶，受害嫩叶和花蕾生长停滞，不易伸展	修剪有虫枝条，卵孵化初期使用吡虫啉、啶虫脒、吡蚜酮等药剂防治
	桃粉大尾蚜	桃、梅、红叶李等	成、若虫群集嫩枝和新叶背面刺吸危害，被害叶片背面布满虫体和白粉、新梢萎缩	冬季使用石硫合剂防治越冬卵，幼虫危害初期使用吡虫啉、啶虫脒、吡蚜酮等药剂防治
	朴棉叶蚜	朴树	成、若虫在叶背刺吸危害，分泌白色蜡丝	若虫孵化期使用吡虫啉、啶虫脒、吡蚜酮等药剂防治
	紫薇绒蚧	紫薇、石榴、女贞等	成、若虫在芽腋、叶片、枝条上刺吸危害，造成枝叶发黑、叶片脱落，诱发煤污	冬季修剪有虫枝条，若虫孵化期使用吡虫啉、啶虫脒、噻虫嗪等药剂防治
	日本壶蚧	香樟、广玉兰等	固定在一、二年生枝条刺吸危害，分泌白色蜡丝，造成枝叶污黑、能诱发严重煤污	修剪有虫枝条，若虫孵化期使用吡虫啉、啶虫脒、噻虫嗪等药剂防治
	日本纽棉蚧	朴树、红叶李、红花檵木等	成、若虫刺吸寄主植物汁液，造成寄主长势衰弱、枝梢枯死，雌虫分泌白色卵囊	修剪有虫枝条，若虫孵化期使用吡虫啉、啶虫脒、噻虫嗪等药剂防治
	海桐木虱	海桐	在新梢和卷叶内危害，造成新梢萎缩扭曲	剪除被害新梢，若虫孵化高峰期使用吡虫啉、啶虫脒、噻虫嗪等药剂防治

续表B

始发期	有害生物种类	寄主植物	危害症状	防治方法
4月	樟脊冠网蝽	香樟	成、若虫群集叶背刺吸危害，叶正面有苍白失绿小点，叶背有黄褐色污斑	若虫孵化盛期使用吡虫啉、啶虫脒、甲维盐等药剂防治
	杜鹃冠网蝽	杜鹃	成、若虫群集叶背刺吸危害，叶正面黄白色失绿斑，叶背面布满虫粪和黄褐色污斑	若虫孵化盛期使用吡虫啉、啶虫脒、甲维盐等药剂防治
	梨冠网蝽	桃、梨、海棠、樱花、月季等	成、若虫群集叶背刺吸危害，严重时叶面失绿呈灰白色并枯萎	若虫孵化盛期使用吡虫啉、啶虫脒、甲维盐等药剂防治
	白蜡绢须野螟	白蜡、女贞、桂花等	幼虫在新梢吐丝缀叶啃食叶肉	修剪去除越冬幼虫，杀虫灯诱杀成虫，灭幼脲、苏云金杆菌、阿维菌素等药剂防治初孵幼虫
	樟叶峰	香樟	幼虫取食叶片，造成叶片残缺或仅剩主脉	树干绑粘虫胶带诱捕成虫，灭幼脲、烟参碱、阿维菌素等药剂防治初孵幼虫
5月	悬铃木白粉病	悬铃木	叶片正反两面出现白粉，后期叶片皱缩畸形	修剪发病枝叶，发病初期使用腈菌唑、三唑酮、嘧菌酯等药剂防治
	悬铃木方翅网蝽	悬铃木	成、若虫群集叶背刺吸危害，叶片正面出现褪绿斑点，背面布满虫体和虫粪	修剪有虫枝条，若虫危害期使用吡虫啉、啶虫脒、甲维盐等药剂防治

续表B

始发期	有害生物种类	寄主植物	危害症状	防治方法
5月	紫薇白粉病	紫薇	危害叶片、嫩梢、花序，使叶片、嫩梢密被白粉，生长减缓，叶片和花畸形	修剪发病枝叶，发病初期使用三唑酮、腈菌唑、嘧菌酯等药剂防治
	十大功劳白粉病	狭叶十大功劳等	叶片正反两面出现白粉，病枝生长不良	修剪病枝病叶，发病初期使用多菌灵、三唑酮、嘧菌酯等药剂防治
	紫荆角斑病	紫荆	发病初期为褐色小点，后扩大为多角形，褐色至紫黑色，严重时病斑成片叶片枯死	修剪发病枝叶，发病初期使用代森锰锌、多菌灵、吡唑嘧菌酯等药剂防治
	樱花褐斑穿孔病	樱花	发病初期叶片出现暗褐色斑点，之后病斑扩大并干枯脱落，病部形成穿孔	增强树势，发病初期使用代森锰锌、烯唑醇、嘧菌酯等药剂防治
	红叶李细菌性穿孔病	红叶李、桃、梅、樱桃等	发病初期水渍状小点，后为黑褐色近圆形斑，周围水渍状褪绿晕圈，脱落后形成穿孔	发病初期使用波尔多液、硫酸锌石灰液、中生菌素等药剂防治
	异举长斑蚜	榉树	成、若虫群集叶背刺吸危害，可引起煤污	危害初期使用吡虫啉、啶虫脒、吡蚜酮等药剂防治
	罗汉松新叶蚜	罗汉松	成、若虫在新梢和叶片刺吸危害，新梢布满虫体和白色蜡粉，煤污严重	危害初期使用吡虫啉、啶虫脒、吡蚜酮等药剂防治

续表B

始发期	有害生物种类	寄主植物	危害症状	防治方法
5月	雪松长足大蚜	雪松	成、若虫群集于雪松枝干刺吸危害，体被白色蜡粉，可诱发严重煤污	危害初期使用吡虫啉、啶虫脒、吡蚜酮等药剂防治
	合欢羞木虱	合欢	成、若虫群集在嫩梢和新叶背面刺吸危害，受害叶背面布满若虫分泌的白色蜡丝	若虫孵化高峰期使用吡虫啉、啶虫脒、噻虫嗪等药剂防治
	青桐木虱	青桐	成、若虫在嫩梢及叶背刺吸危害，并分泌大量白色蜡丝呈絮状，可诱发煤污	若虫孵化高峰期使用吡虫啉、啶虫脒、噻虫嗪等药剂防治
	柑橘全爪螨	柑橘、桂花、蔷薇等	成、若螨在叶背吸食植物汁液，叶片正面出现许多白色褪绿小点，提早落叶	发生初期使用阿维菌素、甲维盐等药剂防治
	斑衣蜡蝉	臭椿、香樟、香樟、海棠等	成、若虫口器刺入植物组织内取食，使伤口流汁，易引发煤污病	危害严重时可用吡虫啉、啶虫脒、噻虫嗪等药剂防治
	蔷薇叶蜂	月季、蔷薇等	幼虫取食叶片，从叶缘开始将叶片全叶食尽，仅剩主脉，严重时可将整株叶片吃光	修剪有虫枝条，低龄幼虫期使用灭幼脲、烟参碱、高效氯氰菊酯等药剂防治
	竹织叶野螟	竹类	幼虫吐丝缀心叶结成苞，在苞中取食排粪	人工摘除被害叶，杀虫灯诱杀成虫，灭幼脲、烟参碱、阿维菌素等药剂防治低龄幼虫

续表B

始发期	有害生物种类	寄主植物	危害症状	防治方法
5月	银杏超小卷蛾	银杏	幼虫蛀食银杏新梢，造成新梢枯死	修剪有虫枝条，危害初期使用灭幼脲、噻虫嗪、高效氯氰菊酯等药剂防治
	紫薇梨象	紫薇	成虫取食紫薇嫩芽及叶片，幼虫蛀食紫薇嫩梢和果实，造成枝梢枯萎，影响开花	修剪有虫枝条，成虫期使用噻虫嗪、高效氯氰菊酯等药剂防治
	云斑天牛	白蜡、女贞、乌桕、杨、柳等	幼虫为蛀干害虫，成虫啃食树皮补充营养	人工捕杀成虫和幼虫，成虫羽化高峰期可用绿色威雷、高效氯氰菊酯等药剂防治
	白蚁	悬铃木、香樟等	筑巢在大树树干基部，以木质部为食，造成树木中空，易折断倒伏	杀虫灯诱杀分飞白蚁，发现白蚁危害症状使用氟虫腈、虫螨腈、伊维菌素等药剂防治
6月	紫薇长斑蚜	紫薇	成、若虫在叶稍和叶片刺吸危害，诱发煤污	若虫孵化期使用吡虫啉、啶虫脒、吡蚜酮等药剂防治
	红蜡蚧	枸骨、黄杨、冬青等	固定在寄主叶片、嫩枝和叶柄刺吸危害	冬季修剪有虫枝条，若虫孵化期使用吡虫啉、啶虫脒、噻虫嗪等药剂防治
	樟翠尺蛾	香樟	幼虫取食叶片，主要危害幼树	杀虫灯诱杀成虫，幼虫危害期使用灭幼脲、烟参碱等药剂防治
	樟颈曼盲蝽	香樟	成、若虫在香樟叶背刺吸危害，叶背产生不规则褐色斑，严重时导致大量落叶	危害初期使用吡虫啉、啶虫脒、噻虫嗪等药剂防治

续表B

始发期	有害生物种类	寄主植物	危害症状	防治方法
6月	丝棉木金星尺蛾	丝棉木、大叶黄杨、卫矛等	幼虫取食叶片，受惊后会吐丝下垂	杀虫灯诱杀成虫，灭幼脲、苏云金杆菌等药剂防治低龄幼虫
	重阳木锦斑蛾	重阳木	幼虫取食叶片，高龄幼虫食量大，取食叶片仅剩叶脉，受惊后会吐丝下垂	幼虫发生初期使用灭幼脲、烟参碱、阿维菌素等药剂防治
	棉大卷叶螟	木芙蓉、扶桑、海棠、木槿等	幼虫卷叶成筒状，在筒内取食排粪	人工摘除被害叶，杀虫灯诱杀成虫，灭幼脲、苏云金杆菌等药剂防治低龄幼虫
	小蓑蛾	悬铃木、重阳木、樟、女贞等	幼虫取食叶片，吐丝缀枝叶形成护囊，囊外有碎叶片和小枝皮	人工摘除护囊，杀虫灯诱杀成虫，灭幼脲、短稳杆菌、阿维菌素等药剂防治初孵幼虫
	盗毒蛾	柳、榆、樱花、海棠、紫薇等	高龄幼虫取食叶片仅剩叶脉，毒毛可引起皮肤红肿痒痛	杀虫灯诱杀成虫，修剪有虫枝条，灭幼脲、烟参碱、短稳杆菌等药剂防治初孵幼虫
	乌桕黄毒蛾	乌桕、石楠、女贞、枇杷等	幼虫常群集危害，有毒毛，取食新梢叶片	杀虫灯诱杀成虫，修剪有虫枝条，灭幼脲、烟参碱、阿维菌素等药剂防治初孵幼虫
	薄翅锯天牛	杨、柳、白蜡、女贞、悬铃木等	幼虫为蛀干害虫，成虫啃食树皮补充营养	加强养护管理，提升树势，人工捕杀成虫和幼虫，成虫羽化高峰期使用绿色威雷等药剂防治
	桑天牛	桑、榆、海棠、紫荆、女贞等	幼虫为蛀干害虫，成虫啃食树皮补充营养	幼虫可人工钩除，成虫羽化盛期使用杀虫灯诱杀或使用绿色威雷等药剂防治

续表B

始发期	有害生物种类	寄主植物	危害症状	防治方法
6月	星天牛	悬铃木、柳树、红枫等	幼虫为蛀干害虫，成虫啃食树皮补充营养	幼虫可人工钩除，成虫羽化盛期使用杀虫灯诱杀或使用绿色威雷等药剂防治
7月	斜纹夜蛾	草坪、地被、花卉等	幼虫取食叶片，有暴食性，有迁移性	专性引诱剂诱捕成虫，灭幼脲、斜纹夜蛾核型多角体病毒等药剂防治初孵幼虫
	淡剑袭夜蛾	高羊茅等禾本科草坪	幼虫取食草坪叶片和根茎，严重时草坪大面积枯死	杀虫灯诱杀成虫，灭幼脲、苏云金杆菌等药剂防治初孵幼虫
	葱兰夜蛾	葱兰、朱顶红等	幼虫取食葱兰茎秆和叶片	幼虫危害期使用灭幼脲、苏云金杆菌、阿维菌素等药剂防治
	茶蓑蛾	茶、柳、桃、梨、梅、桂花等	幼虫取食叶片，吐丝缀枝叶形成护囊，囊外有齐整的断截小枝梗	人工摘除护囊，杀虫灯诱杀成虫，灭幼脲、短稳杆菌、阿维菌素等药剂防治初孵幼虫
	大蓑蛾	海棠、梨、红叶李、木槿等	幼虫取食叶片，吐丝辍枝叶形成护囊，囊外有较大的叶片和小枝，排列不整齐	人工摘除护囊，杀虫灯诱杀成虫，灭幼脲、短稳杆菌、阿维菌素等药剂防治初孵幼虫
	刺蛾	槭树、红枫、悬铃木、樱花等	刺蛾类幼虫取食叶片，有毒毛，接触皮肤会有刺痛感	杀虫灯诱杀成虫，灭幼脲、烟参碱、阿维菌素等药剂防治低龄幼虫
	线茸毒蛾	悬铃木、香樟、樱花、紫薇等	幼虫取食叶片，在叶片或建筑物上结黄色茧	人工摘除虫茧，低龄幼虫期使用灭幼脲、苏云金杆菌、阿维菌素等药剂防治

续表B

始发期	有害生物种类	寄主植物	危害症状	防治方法
7月	金龟子	樱花、海棠、红叶李等	幼虫是地下害虫，成虫取食叶片造成孔洞缺刻	成虫期可用杀虫灯诱杀或使用阿维菌素、高效氯氰菊酯等药剂防治
	笋横锥大象	慈孝竹等	幼虫钻蛀在竹笋和嫩竹内取食，造成新笋畸形或新梢折断，不能成竹	及时去除被蛀笋，成虫期人工捕捉或使用绿色威雷等药剂防治
	樟巢螟	香樟	幼虫吐丝缀叶在其中取食，形成鸟巢状虫苞	人工摘除虫巢，灭幼脲、甲维盐、阿维菌素等药剂防治初孵幼虫
	桃红颈天牛	桃、李、梅、樱花、海棠等	幼虫为蛀干害虫，成虫啃食树皮补充营养	人工捕杀成虫和幼虫，成虫羽化盛期使用杀虫灯诱杀或使用绿色威雷等药剂防治
8月	曲纹紫灰蝶	苏铁	幼虫取食苏铁嫩叶，严重时也危害老叶	杀虫灯诱杀成虫，灭幼脲、烟参碱等药剂防治初孵幼虫
	桃一点斑叶蝉	桃、梅、红叶李、樱花、海棠等	若虫群集叶背刺吸叶片，造成叶面密布白色失绿斑点	危害高峰期使用吡虫啉、啶虫脒、噻虫嗪等药剂防治
	黑蚱蝉	杨、柳、樱花、海棠、红叶李等	产卵器刺破枝条产卵在木质部中，造成枝梢因失水而干枯	剪除枯枝和有卵枝，成虫可人工捕捉或使用绿色威雷防治
9月	白粉病、锈病、黑斑病等病害	悬铃木、月季、紫薇、梨树等	温湿度适宜时，白粉病等病害在秋季会有第二个危害高峰期	发现危害时使用多菌灵、三唑酮、腈菌唑、嘧菌酯等药剂防治

续表B

始发期	有害生物种类	寄主植物	危害症状	防治方法
9月	蚜虫、蚧虫等刺吸害虫	栾树、榉树、无患子、雪松等	蚜虫、蚧虫、粉虱、木虱等刺吸害虫在秋季会有第二个危害高峰期	发现危害时使用吡虫啉、啶虫脒、吡蚜酮、噻虫嗪等药剂防治
	夜蛾、螟蛾等食叶害虫	悬铃木、女贞、白蜡、黄杨等	鳞翅目食叶害虫在秋季因虫量积累也会有比较明显的危害症状，易对景观造成严重影响	危害初期使用灭幼脲、烟参碱、短稳杆菌、阿维菌素等药剂防治
	天牛、小蠹虫等蛀干害虫	悬铃木、杨树、樱花、紫藤等	蛀干害虫此时危害症状比较明显	发现危害时可人工捕捉或用绿色威雷、高效氯氰菊酯等药剂防治
	蛴螬等地下害虫	草坪等地被植物	金龟子类害虫的幼虫在土壤中取食植物根茎	土壤消毒剂或使用线虫制剂防治
10月	有害生物准备越冬		有害生物危害进入尾声，逐步开始进入越冬状态	发现危害可参照对应措施进行防治
11月	有害生物开始越冬		有害生物在枯枝落叶和树皮裂缝、杂草、土壤等处越冬	冬季修剪有虫枝叶，清洁园区，深翻土壤，消灭越冬病虫源
12月	有害生物越冬			

注：1. 本表中列出的有害生物发生时间指最早开始危害时间或危害高峰期时间，除当月外后期还会有相应危害，发现危害后参照相应防治方法进行防治。
2. 有害生物防治应根据预防为主，综合治理的总体方针，尽量在有害生物发生初期控制危害，避免病虫害暴发危害或对植物生长造成严重影响。
3. 表中所述有害生物防治药剂仅供参考，防治时可根据需要优先选用高效低毒的植物源或微生物源药剂，禁用或限用有机磷类高毒剧毒药剂。

附录C　学校绿化养护工作记录表

表C　学校绿化养护工作记录表

序号	养护区域	养护内容	养护人	督导人	备注

天气：　　　　日期：

本标准用词说明

1 为了便于在执行本标准条文时区别对待，对要求严格程度不同的用词说明如下：

1）表示很严格，非这样做不可的用词：

正面词采用“必须”；

反面词采用“严禁”。

2）表示严格，在正常情况均应这样做的用词：

正面词采用“应”；

反面词采用“不应”或“不得”。

3）表示允许稍有选择，在条件许可时首先应这样做的用词：

正面词采用“宜”；

反面词采用“不宜”。

4）表示有选择，在一定条件下可以这样做的用词，采用“可”。

2 标准中指定应按其他有关标准、规范执行时，写法为“应符合……的规定（要求）”或“应按……执行”。

引用标准名录

1 《农田灌溉水质标准》GB 5084
2 《建筑工程施工质量验收统一标准》GB 50300
3 《无障碍设计规范》GB 50763
4 《城市污水再生利用绿地灌溉水质》GB/T 25499
5 《建筑工程监理规范》GB/T 50319
6 《园林绿化工程施工及验收规范》CJJ 82
7 《土壤环境监测技术规范》HJ/T 166
8 《绿地设计标准》DG/TJ 08—15
9 《园林绿化养护标准》DG/TJ 08—19
10 《绿化植物保护技术规程》DG/TJ 08—35
11 《花坛、花境技术规程》DG/TJ 08—66
12 《园林绿化草坪建植和养护技术规程》DG/TJ 08—67
13 《立体绿化技术标准》DG/TJ 08—75
14 《园林绿化栽植土质量标准》DG/TJ 08—231
15 《园林绿化工程施工质量验收标准》DG/TJ 08—701
16 《古树名木和古树后续资源养护技术规程》DB31/T 682
17 《绿化有机覆盖物应用技术规范》DB31/T 1035
18 《植物铭牌设置规范》DB31/T 1233

上海市工程建设规范

基础教育学校绿化技术标准

DG/TJ 08—2438—2024
J 17322—2024

条 文 说 明

2024 上海

目　次

Contents

1 总 则

1.0.1 学校绿化是学校文化的基础和学校教育的重要资源。"绿色、生态、环保、和谐"的美丽校园，对于规范师生的品性、道德，培养学生的环境意识和审美情趣，具有非常重要的作用。本标准将科学指导本市基础教育系统学校绿化的建设和养护，从而提高学校绿化的景观面貌，建设绿色生态的文明校园，创造良好的育人环境，培养学生的"绿色"意识。

1.0.2 明确了本市基础教育学校范围，即包括幼儿（学前）教育阶段、义务教育阶段及高中阶段教育等学校；标准的主要内容是学校绿化的设计、施工和养护。

1.0.3 阐述本标准与国家、行业及本市现行有关标准的关系。

2 术 语

2.0.1 明确学校绿化的范围，包括学校范围内的绿化及红线范围外学校管理的周边绿化。

2.0.5 基础种植以灌木、地被为主。

2.0.8 指人眼睛所看到范围内绿色植物所占的比例，强调立体三维空间的视觉效果。绿色在人的视野中达到25%时，人感觉最为舒适。“绿视率”是从人对环境的感知方面考虑的，随着时间和空间的变化而不断变化，是一个动态的衡量因素，它侧重的是空间绿化的立体构成。与“绿化率”“绿地率”相比，“绿视率”更能反映公共绿化环境的质量，更贴近人们的生活。

2.0.9 土壤污染监测项目有物理指标、化学指标和生物指标三大部分。

2.0.10 树木分树冠、主干、根系三大部分，其中树冠骨干枝包括中心干、主枝、侧枝和副侧枝。骨干枝从属分明，分布均匀，角度开张，可使树势平衡，树冠圆满紧凑，结构牢固，通风透光良好。

2.0.11 生长期亦称植物生长期。日平均气温在3℃以上的持续时期可称为喜凉作物(农作物)的生长期。日平均气温在5℃以上的持续时期称为植物的生长期。日平均气温大于10℃的持续期称为喜温作物的生长期或作物活跃生长期，大于10℃积温可用来评价热量资源对喜温作物的满足程度。日平均气温大于15℃的持续时期称为喜温作物的活跃生长期。

2.0.12 相对植物生长期而言，一般日平均气温在10℃以下的持续时期称为喜温植物的休眠期。

2.0.13 一般情况下可以开沟阻隔，现常采用插片等新材料、新技术达到切边目的。

3 基本规定

3.0.1 贯彻落实习近平生态文明思想,在本市基础教育学校中深入践行绿色发展理念。

3.0.2 对学校绿化应该重视的八个方面进行了明确。因校制宜还包括了各学段学校绿化的个性特点。

3.0.3 明确对学校原有的植被和地形、地貌景观应进行保护和利用;以栽植植物为主,尽量提高学校绿地率和绿化覆盖率。

3.0.4 学校绿化先规划设计后施工养护,总体规划分步实施,绿化按图施工,养护体现设计意图,使学校绿化布局合理,保持学校绿化的可持续性。

3.0.5 学校绿化的施工和养护时间应避开正常的教育教学活动时间,实在避不开的,应把影响程度降到最低。

3.0.6 学校绿化与教育、教学关系密切。通过培养师生爱绿护绿意识、合理布置生物角、科学设置植物铭牌,满足学校宣传、教育、教学等功能,通过人性化设计园林设施来满足师生的游憩需求。

3.0.7 学校绿化与学校文化息息相关,园林小品的主题、立意强调学校文化的内涵,满足教育、教学的要求,体现积极向上的精神。

3.0.8~3.0.11 对学校内古树名木和古树后续资源、立体绿化、花坛、花境、草坪等建设和养护明确了应遵守的相关标准。

4 设 计

4.1 一般规定

4.1.2 根据设计规模，由具备部、省市颁发的风景园林工程设计专项甲级或乙级设计资质的设计单位负责完成绿化方案设计。

4.1.3 绿地改造设计对绿地生态、功能、景观等方面进行调研、分析、评估，明确改造的程度、范围、要求。

4.1.6 提炼学校教学特色、办学理念、文化内涵、环境特点的符号与标识，突显园林绿化景观特色。临街绿地与城市景观风格统一、形式协调、景观呼应。

4.1.7 因地制宜结合环境现状，达到功能的人性化、特色的主题化、景观的生态化、形式的自然化、活动的多元化、设施的安全化。

4.2 设计布局

4.2.1 学校绿化设计布局应符合以下要求：

1 以学生、老师为中心，以教育教学为目标，以绿化美化为手段，彰显功能决定形式、形式为功能服务的设计理念。

2 以尊重和维护自然为前提，强调以绿色植物造景为主体，满足人与自然相互依存、共处共融的设计思路。

3 充分利用地域自然环境因素和挖掘地域文化人文特征，营造具有鲜明地域特点的空间环境。

4 熟悉校园基地地域特征，解读场地精神内涵，依据基地特征和场地内涵选取最合适的设计策略。

5 把握现在，着眼未来，用动态、发展、变化的视角，保持园林绿化景观的相对稳定性。

4.2.2 学校绿化设计指标应符合以下要求：

1 集中绿地是满足公共活动且至少有一侧与道路相邻，相对面积较大的绿地，集中绿地面积比例是绿地中集中绿地面积占绿地总面积的比率。水体控制比例是绿地中水体面积占绿地总面积的比率。道路地坪比例（含消防通道面积）是绿地中道路地坪面积占绿地总面积的比率。硬质小品比例是绿地中硬质小品面积占绿地总面积的比率。绿化种植面积比例是绿地中绿化种植面积占绿地总面积的比率。

4.2.3 学校绿化设计布局应符合以下要求：

1 学校绿化布局通过功能定位、风格定位、形式定位、特色定位达到功能合理、风格协调、形式多样、特色显著的目标。

2 小动物饲养园的设置与教学、办公、生活区的间距以动物散发的气味和发出的声音不影响教学和生活为依据。

4.2.4 学校不同区域的绿化设计应符合以下要求：

1～9 入口广场区域包括入口建筑、入口外广场、入口内广场、内外广场两侧绿地等区域；办公教学区域包括办公建筑周边绿地、教学建筑周边绿地，辅助教学周边绿地等区域；体育运动区域包括运动场地周边绿地、健身设施周边绿地、活动设施周边绿地等区域；配套生活区域包括学生宿舍周边绿地、食堂周边绿地等区域。学校的形象特征由外在形象（硬件形象，实体形象）和内在形象（软件形象，精神形象）两大类要素构成。学校的场地精神是特定的情感、独特的个性、重要的事件等一系列特征的集中表现。

4.2.5 学校不同元素的绿化设计应符合以下要求：

1 地形营造在结合原有地形地貌时，遇洼地可以挖池，遇高地可以堆坡。土壤自然堆积，经沉落稳定后，形成一个稳定的、坡度一致的土体表面，即土壤的自然倾斜面，自然倾斜面与水平面的夹角，即土壤的自然安息角，安息角的大小与土壤的类型和土壤的含水量有关系。

2 植物种类选择在统计上不包括四季草花，草坪的种植量在统计上不包括乔木树冠阴影下的草坪面积，乔木在统计上以株为单位，灌木和地被及草坪在统计上以平方米(m^2)为单位。本标准中的超大规格植物是指乔木胸径在 0.3 m 以上的、大灌木蓬径在 4 m 以上的植物。

3 硬质小品包括景观亭、景观廊架、硬质景观水池、景墙、雕塑、花坛、桌椅、台阶、挡墙、灯具、标识等，在园林绿地中既有一定的实用功能，又能起到美化点缀作用。

4 中水利用是对生活用水经处理后的再次循环使用，有利于对环境的保护。海绵城市是绿地应对环境变化的举措，下雨时吸水、蓄水、渗水、净水，需要时将蓄存的水释放并加以利用。

4.3 个性设计

4.3.1 幼儿园绿化应符合以下要求：

1 绿化各元素尺度把控应合理、小巧，符合幼儿生理、心理特点，设计符号可以通过图案、标识、色彩、景观等元素表达，以幼儿的身高及活动使用的范围作为设计尺度的标准。

2 场地铺装软质材料有木质、塑胶、沙砾、卵石、细沙等。

3 高明度色彩有白色、柠檬黄、淡黄；高饱和度色彩有红色、黄色、蓝色；高对比度配色有红色＋绿色、黄色＋紫色、蓝色＋橙色。

4 设施与景观叠加、穿插是指架空的活动设施在其下方布置绿化景观，落地的活动设施在其上方点缀绿化景观。

4.3.3 小学绿化应符合以下要求：

1 结合小学生思维培养的教学要求，绿化景观布局应凸显启迪性和想象性需求，开拓学生智力培育，空间围合的方式有景墙、栏杆、篱笆、植物等。

2 以小学生的身高及活动使用的范围作为设计尺度的标准。

3 明度低的色彩有蓝色、紫色；中性饱和度色彩有绛紫、粉红、黄褐；对比柔和的配色有墨绿＋浅绿、咖啡＋米黄、红色＋橙色、黄色＋绿色；暖色调色彩有红色、橙色、黄色、棕色。

4 硬质景观材质有木材、石材、竹材、金属、玻璃、合成材料等，场地铺装软质材料有木质、塑胶、沙砾、卵石、细沙等，硬质材料有石材、砖材、混凝土等。

4.3.6 中学绿化的细节处理应满足中学生的适宜性和安全性要求：

1 场地铺装硬质材料有石材、砖材、混凝土等，软质材料有木质、塑胶、沙砾、卵石、细沙等。

4.3.7 其他教育机构绿化应符合以下要求：

4 视觉、触觉警示可以通过材质、肌理、形状、色彩等途径实现。

4.3.8 其他教育机构绿化的细节处理应满足学生的特殊性和安全感，符合以下要求：

1 场地铺装软质材料有木质、塑胶、沙砾、卵石、细沙等，硬质材料有石材、砖材、混凝土等。

4.4 改造设计

4.4.1 学校绿化改造设计应符合以下要求：

1～4 尊重现状，领会原设计意图，根据原有地形的特征调整植物，处理好植物的排水和透气的问题，尽可能保留原有大树，根据保留的大树调整其他植物。

4.4.2 学校绿化改造前期准备应符合以下要求：

1 依据生态上的科学性、功能上的合理性、景观上的和谐性三个途径对绿地现状踏勘调查和分析评价。

4.4.3 学校绿化改造对策应符合以下要求：

1 绿地硬质景观改造具体对策有硬质景观功能完善、硬质景观造型突破、硬质景观结构调整、硬质景观材料替换、硬质景观色彩更新等。

5 施 工

5.1 一般规定

5.1.1 设计变更原因一般为修改工艺技术，包括设备的改变、增减工程内容、改变使用功能、设计错误与遗漏、提出合理化建议、施工中产生错误、使用的材料品种的改变、由天气因素导致施工时间的变化等。设计变更包括两种形式：一是由设计单位发出的设计修改通知单；二是施工图交底纪要。施工单位提出的技术核定单原则上不属于设计变更的范畴。

5.1.7 为避免施工噪声和粉尘对教学影响，改造施工一般应在周末或假期进行。

5.2 施工准备

5.2.1 施工准备应符合以下要求：

1 施工单位及学校管理人员熟悉技术交底的目的是，使施工人员对工程特点、技术质量要求、施工方法与措施和安全等方面有一个较详细的了解，以便于科学地组织施工，避免技术质量等事故的发生。

2 施工前熟悉现场场地条件，便于准确找到定点放线的基准点，同时对接各相关行业部门等，对后续施工顺利开展起到非常关键的作用。场地内隐蔽管线交底，包括市政管线、地下人防、消防安监等特殊情况。

3 原有乔木的保护措施包括树体和基础两个部分，古树名木及古树后续资源保护有专门的技术规程。

4 重金属污染的土壤采取合理措施处置，包括换土、专用药剂处理等，符合规定后方可使用。

5.2.2 土壤质量应符合以下要求：

3 有效土层指适合植物生长的土层，其有机质、孔隙度等理化性状满足要求。

4 土壤是植物的基础，对不符合栽植标准的土壤改良，是后续植物长势良好的保障。

5.3 施工要点

5.3.1 树穴应符合以下要求：

1 树坑距离土球边距应不小于 0.2 m，方便土球进入树坑，栽植后填土密实。

5.3.2 地形营造应符合以下要求：

2 自然沉降后标高应符合设计要求，一般自然沉降需要 2 周时间。

3 作为再生资源利用的无污染的建筑水泥块、渣土、砖块可粉碎后用作园路铺地的基层，掩埋深度不应对植物后续生长造成影响。

5.3.3 管道、暗沟应符合以下要求：

4 提倡自动化监测技术的应用，有利于后续日常管理工作的开展。

5.3.4 设施设备应符合以下要求：

2 设施设备适当距离控制，有利于植物生长，也对设施设备起到较好的保护作用。

5.3.5 乔灌木质量应符合以下要求：

1 树冠完整是要求树形饱满，栽植前还需适当的疏枝疏叶。

2 松散土球的植物栽植后成活率将大大降低。影响后续成活率。

5.3.6 花卉质量应符合以下要求：

1 容器苗成活率高，栽植方便。

2 栽植前应检查根系无腐烂变质。

5.3.7 草质量应符合以下要求：

1 栽植前草籽质量应饱满，瘪的应筛除，确保发芽率达 90% 以上。

2 草块或草卷应规格一致，边缘平直，方便后续栽植。

5.3.8 强修剪时减少树冠绿量是指摘除小枝和疏叶，需保留主要树型枝干。

5.3.10 剪口 50 mm 以上防腐可用桐油、梳理剂等材料。根据幼儿身高，将 1 m 高度范围的枝条做好打磨处理，主要活动区域树干需包裹。

5.3.12 栽植后树木的根颈略高地表面，有利于树木后续生长。

5.3.13 地被、绿篱栽植密度除满足设计要求外，需根据到货的苗木规格合理安排栽植数量。

5.3.14 运动场草坪建植应符合以下要求：

1 运动场草坪作为校园内重要的绿地运动场地，草坪的建植要求相对较高，需要有专门的施工方案，其天然草坪建植应参照现行国家建筑标准设计图集《体育场地与设施（一）》GJBT-1050 中天然草坪面层场地构造做法。

2 运动场地应平整，整个场地应夯实压实，防止出现坑洼。

3 盲沟一般设在运动场地内，明沟设在四周。

5 成套喷灌系统对运动场草坪生长有利，且方便后续养护管理。

5.4 后期维护

5.4.1 支撑与绑扎应符合以下要求：

1 基于幼儿园、小学和特殊教育学校学生的特点，集中活动区建议不设支撑。

2 学校行道树(胸径<150 mm),可用单柱支撑,较大规格的建议用三角支撑。

5.4.2 新栽植物养护措施应符合以下要求:

6 水温与土壤根系温度较接近时,有利于植物存活。

5.5 改造施工

5.5.1 改造施工应避免影响学生学习。

5.5.3 植物调整改造应符合以下要求:

5 寒暑假气温较特殊,容器苗成活率较高;非容器苗栽植尽量做到当天完工。

5.6 质量验收

5.6.1 苗木栽植验收时间应符合以下要求:

1 栽植 15 d 指自然日。

2 未达到对应成活率的需要重新栽植或补植。

3 整形修剪还需要符合相应植物的属性。

5.6.3 工程质量验收应符合以下要求:

1 隐蔽工程的现场验收,施工单位应在 48 h 前通知,监理、建设单位应在 24 h 内认可签字,还需照片留存。

6 养 护

6.1 一般规定

6.1.1 学校绿化与一般城市绿地公园的定位和功能不同，景观上强调群落结构稳定，植物健康生长，无明显暴发性有害生物危害，具有可持续观赏价值。

6.1.2 除按植物特性养护外，应结合学校教学节点、学校特定节日增加养护频次，确保绿化养护面貌更优。

6.2 植物修剪

6.2.1 植物修剪应符合以下要求：

1～5 本条目对树木修剪进行了规定。园林树木按照树木类型分为乔木类、灌木类、藤本类、绿篱及造型植物，各类树木因种类、用途等不同，修剪方法也不同。树木的修剪时期分为生长期修剪和休眠期修剪，修剪方法包括截、疏、除等。根据树木种类、生长阶段、栽培环境、景观需求所采取的修剪方法和修剪时期均不同。为保证树木修剪工作合理、有效、安全、有序进行，修剪树木前应制定修剪方案。伤流是指将植物的枝或干切断时，从伤口流出水液的现象。落叶树从休眠转入生长期会出现明显的“伤流嵩现象”。

6.2.2 乔木修剪应符合以下要求：

1，2 有主干的树木，其中央主枝对树形影响明显，需要特别注意保护与培养。

3 行道树因其特殊的栽植形式及景观需要，要求同一路段的行道树整齐一致，同时要考虑安全因素。因此，行道树在路灯等附近的枝叶需要与其保留出足够的安全距离。

6.2.3 灌木修剪应符合以下要求：

1 修剪各类花灌木，应按其生长习性、自然生长规律，开花枝条年限，选择适宜的修剪时期和修剪方法；可通过调节营养物质的分配，控制徒长，增加开花、结果量，使花灌木枝叶茂盛，花开不断。

6.3 浇水排水

6.3.1 浇水应符合以下要求：

5 应充分利用城市雨水，通过收集、滞蓄、净化过滤等工艺处理后，用于绿地浇水，达到节能减排目的。

6.3.2 排水应符合以下要求：

1，2 土壤积水会使植物根系因缺氧或含有害物质的污水侵入引起烂根，导致植物生长衰弱，应及时排除。

6.4 土肥管理

6.4.1 施肥应符合以下要求：

1～3 为少伤地表根，沟施、穴施均应在树冠投影边缘。在早晨10点之前或傍晚进行叶面喷肥，以免气温高，溶液浓缩快，影响喷肥效果或导致药害。根据肥料种类、施肥方式等确定施肥用量，浓度一般不宜大于3‰。浓度太高易造成肥害，导致叶片发焦干枯。春季施肥促进树木生长，秋季追施，寒冷地区可保证树木越冬。观花木本为保证开花质量、数量，在花芽分化前和花后各施肥一次。

4 草坪草剪后施肥有利于其尽快恢复长势。草坪修剪3 d～5 d后新茎叶处于迅速生长期，对肥水需求量较大且吸收能力最强。每年4月～9月为草坪草生长旺季，需肥量大，应重点施肥，以保证其正常生长。

6.4.2 中耕除草应符合以下要求：

2 在杂草开花结实前除杂草，可有效控制杂草扩繁。为保护园林树木，宜谨慎使用化学方法除杂草。

6.5 有害生物防控

6.5.1 有害生物防控应符合以下要求：

3 监测工作是开展有害生物防控工作的基础，定期开展有害生物监测，掌握有害生物发生动态，才能根据监测结果，选择适当的防治时间和防治方法。虫情测报灯、昆虫信息素诱捕器是除人工调查外有效的监测辅助手段。

4 附录B中列举了上海校园常见有害生物的种类、寄主植物、危害特点和防治方法，供校园植保工作者参考。

5 条件允许的情况下，可以优先使用生物防治和生物农药。

6,7 农药使用应严格遵守农药管理条例。广谱农药和除草剂对生物多样性影响较大，应慎重使用；同种药剂连续使用易使害虫产生抗药性，不同作用机理的农药应交替轮换使用。喷洒药剂应在节假日、双休日傍晚无风的天气进行，不得在人流集中时喷洒药剂，不得随意加大药剂浓度。农药使用时，应设置安全警示标志，果蔬类喷施农药后应挂警示牌，避免学生接触。

6.5.2 虫害防治应符合以下要求：

1 上海地区检疫性或入侵性害虫有悬铃木方翅网蝽、福寿螺、锈色棕榈象、扶桑绵粉蚧等。

2 上海校园常见刺吸性害虫有蚜虫类、蚧虫类、木虱类、网蝽类、蓟马类、叶蝉类、叶螨类等。

3 上海校园常见食叶性害虫有刺蛾类、尺蛾类、毒蛾类、夜蛾类、螟蛾类、蓑蛾类、金龟子类等。

4 上海校园常见钻蛀性害虫有天牛类、象甲类、白蚁类、小蠹虫类、木蠹蛾类等。

5　上海校园常见地下害虫有蛴螬、蝼蛄等。

6.5.3　病害防治应符合以下要求：

1～5　植物病害的发生与气候条件、寄主植物的品种与数量、植物病原菌的数量与密度、立地条件及养护管理方式等因素密切相关，通过合理的水肥管理和精细化的养护，增强植物生长势和抗病性，对于预防和控制植物病害十分重要。

6.6　植物调整

6.6.1～6.6.4　植物调整应符合以下要求：

学校绿化视园林植物的生长状况逐年及时做好更新调整。制定绿地植物调整方案，合理调整植物密度，确保植物生长的空间，满足植物生长所需的条件。

6.7　水体维护

6.7.1，6.7.2　水生植物、水生动物与相应生成的水生微生物组成合宜的生态系统，从而降解污染物质，降低水体的营养水平，优化水体的生态系统结构。

6.8　设施维护

6.8.1，6.8.2　学校内设备设施类型多样，既有服务学生的休憩设施，也有防火监控等预警设施，按照其不同功能，将其分为基础设施、服务设施和养护设施三类。保持各类设施正常使用、运行，是维护学校内绿地、学生安全和满足绿地功能发挥的必要条件。条文明确了学校内园椅、桌凳、标识牌、雕塑等园林设施应完整、安全及维护及时。如有未列出的设备设施，可参照相近标准执行。

6.9 防灾抢险

6.9.1，6.9.2 学校应根据防寒防雪、防台防汛等防控的要求，制定防灾抢险的预案，及时进行预防保护。

6.10 技术档案

6.10.1 技术档案管理应符合以下要求：

1～2 各类档案资料的收集整理是学校绿化养护管理必不可少的工作环节，对于评价、考核养护单位的工作绩效具有重要意义，也是对养护经费的划拨和养护招标评分的依据。

6.10.2 技术档案材料应包含以下内容：

1 养护台账、巡查记录能有效积累原始数据，为提高学校绿化建设、管理等工作提供数据支撑。

附录A　学校绿化植物种类推荐表

1　附录A的植物是按照用途划分,仅列出部分适用学校使用的分类,供学校建设、改造和养护过程中参考。

2　附录A中各用途所列植物适用学校,并未完全列出该用途下所有植物,部分植物还需根据学校所在位置谨慎使用。如月季类不适用于幼儿园易接触的场地栽植。

3　行道树所列植物参照了本市行道树现有表现较好的树种,未包含本市所有行道树树种。

4　观花植物包括乔木类、灌木类、宿根和一年内生植物。

5　特色花道:本标准指的是校园内的行道树树种选用开花的乔木品种,形成木本花卉道路景观。

6　专类园:本标准指的是校园内某个单独区域利用同属的植物或同一树种的品种、变种形成占主导优势地位的栽培方式。

附录 B 学校绿化植物常见有害生物及防治月历

1 关于有害生物发生时间的说明：附录 B 中所列有害生物发生时间为该有害生物最早开始危害的时间或危害高峰期的时间，该有害生物并不仅局限于当月危害，例如月季黑斑病的危害期可从 4 月持续到 11 月，黄杨绢野螟的危害期可从 3 月持续到 11 月。本表所列的时间主要是便于学校植保工作者尽早发现有害生物危害并及时采取适当的防控措施。

2 关于有害生物种类的说明：本表所列的 70 余种有害生物仅是列举上海学校绿化常见的有害生物种类，供学校植保工作者参考，仍有许多有害生物种类未一一列举。

3 关于有害生物寄主植物的说明：本表所列的寄主植物为单一种类的，表明该有害生物危害具有专一性，只危害特定的寄主；寄主植物为多种的，说明该有害生物食性较广，本表所列的寄主仅为该有害生物主要的危害对象。

4 关于有害生物危害特点的说明：由于篇幅有限，本表所列的危害特点仅为该有害生物最典型或最常见的危害特征，每种害虫在不同虫态、不同时间段或不同龄期的危害特点不尽相同。了解有害生物的危害特点可做出有针对性的防治措施。

5 关于有害生物防治方法的说明：有害生物防治应采取综合防治的方法，除药剂防治外，有条件的学校可优先使用生态控制（例如调整植物配置、栽植蜜源植物招引天敌）、物理防治（例如使用杀虫灯、黄板、昆虫诱捕器防治害虫）、园艺防治（例如冬季清园消灭越冬病虫源，加强水肥管理提升植物生长势）、生物防治（例如保护利用瓢虫、草蛉、食蚜蝇、寄生蜂等自然天敌，必要时可以释放捕食螨、花绒寄甲、周氏啮小蜂等人工繁育的天敌）等方法控制病虫危害。学校有害生物防治应注重保护生态环境，本表所列防治方法仅供参考，推荐药剂均以生物农药或高效低毒的无公害药剂为主，防治时应注意药剂使用时间，病虫危害初期用药防治效果最好。